ASSOCIATION FRANÇAISE

POUR

L'AVANCEMENT DES SCIENCES

CONGRÈS DE LILLE

1874

M ____

PARIS

AU SECRÉTARIAT DE L'ASSOCIATION

76, rue de Rennes.

ASSOCIATION FRANÇAISE

POUR L'AVANCEMENT DES SCIENCES

Congrès de Lille, 1874.

M. le Dr PRUNIÈRES

De Marvéjols.

SUR LES CRANES PERFORÉS ET LES RONDELLES CRANIENNES
DE L'ÉPOQUE NÉOLITHIQUE

— Séance du 26 août 1874. —

La plupart des membres de la section se rappellent une rondelle crânienne de forme ovale, que je présentai l'année dernière, à Lyon, où elle excita vivement l'attention des membres du Congrès, et que j'ai l'honneur de remettre aujourd'hui sous vos yeux.

Beaucoup de mes collègues ont déjà pu s'assurer qu'il s'agit là d'une pièce découpée dans un pariétal humain, et dont les bords, parfaitement polis, ont été taillés en biseau aux dépens de la table externe de l'os.

Les dimensions de cette pièce sont les suivantes : la face interne, qui est la plus grande, a 50 millimètres au grand diamètre, et 38 seulement au plus petit ; le long diamètre de la face externe n'est que de 42 millimètres et le petit de 30 millimètres seulement.

L'épaisseur de l'os est de 7 à 8 millimètres.

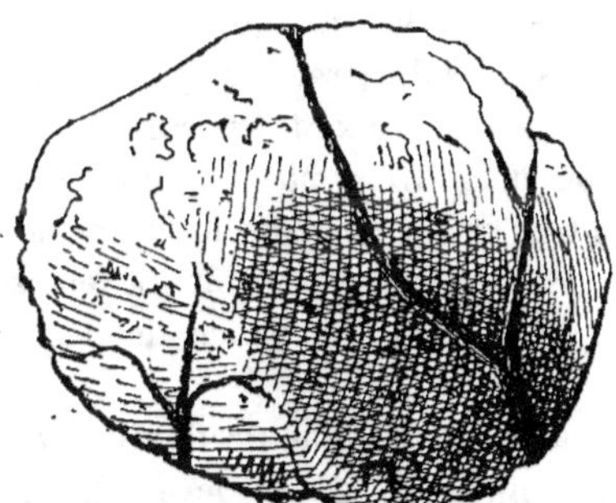

Fig. 1. — Face interne.

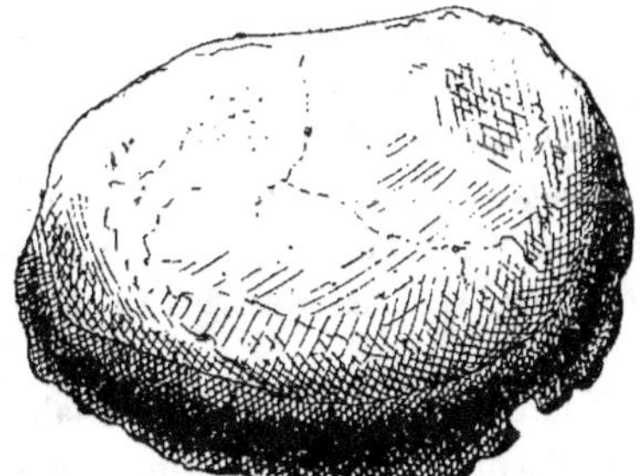

Fig. 2. — Face externe.

Les sillons vasculaires, qu'on voit sur la face cérébrale, ou interne, prouvent que la rondelle appartient au pariétal, et probablement au pariétal gauche, vu la direction de la branche principale de l'artère méningée moyenne (fig. 1 et 2).

La face externe, ou cutanée, est finement rayée dans trois sens par la pointe d'un silex très-aigu. — On sait d'ailleurs que j'avais trouvé cette rondelle dans l'intérieur d'un crâne des dolmens Lozériens, en le déblayant de la terre qui le remplissait, pour l'envoyer au laboratoire de l'École des hautes études, et qu'elle y avait pénétré par une grande ouverture qu'on voit au côté gauche de ce crâne, où elle empiète sur le pariétal, l'occipital et le temporal.

Ce crâne ayant été malheureusement oublié à Paris, je me contenterai de vous dire que l'ouverture qu'il présente ne diffère point, si ce n'est quant à la dimension, de plusieurs des perforations qui passeront aujourd'hui sous vos yeux.

J'ajoute, pour rappeler tout ce que j'ai dit précédemment sur ces deux pièces, que l'ouverture crânienne de forme à peu près circulaire, si ce n'est qu'elle est ébréchée sur son bord antérieur, mesure environ 8 centimètres dans tous les sens; qu'elle se montre sur l'angle postérieur et inférieur du pariétal, tandis que la rondelle a été découpée sur l'angle antérieur et inférieur; que le pariétal perforé est moins épais que celui qui a donné la rondelle ; enfin, que le crâne enveloppant est très-foncé en couleur, tandis que la pièce incluse est de couleur claire, tenant le milieu entre le jaune et le blanc.

Ces observations sont plus que suffisantes pour démontrer que les deux pièces n'ont pas appartenu au même sujet.

A Lyon, en vous montrant cette première rondelle crânienne, j'avais ajouté que cette curieuse pièce, comme le crâne non moins curieux qui me l'avait donnée, faisait partie d'une collection déjà nombreuse de pièces plus ou moins analogues que je comptais décrire tôt ou tard, mais seulement quand j'aurais terminé les fouilles que je poursuis, depuis de longues années, dans les dolmens de la Lozère. Il s'agit ici d'une question toute nouvelle qui, après avoir excité d'abord la surprise ou même l'incrédulité, ne saurait toutefois plus être contestée; mais l'expérience m'a plus d'une fois démontré, et même dans le cas actuel, combien les idées nées d'une première trouvaille peuvent souvent se modifier, et dans tous les cas se compléter, sous l'influence de découvertes nouvelles.

Toutefois, le bruit qui s'est fait autour de ma communication de l'année dernière, portée depuis par notre éminent président devant la Société d'anthropologie de Paris, et les conseils de mes amis, m'ont déterminé à modifier mes anciennes résolutions et à sortir de ma réserve.

C'est ainsi que je viens aujourd'hui exposer devant vous, avec les faits déjà connus, les hypothèses auxquelles ces faits ont donné lieu, et les explications dont ils me paraissent susceptibles jusqu'à ce jour.

D'ailleurs, comme vous pouvez en juger par le grand nombre de crânes, de fragments crâniens et de rondelles dont le bureau est recouvert, les matériaux sont suffisants pour une description assez complète de ces sortes de pièces, en attendant de nouvelles découvertes qui ne manqueront pas de se produire, plus ou moins rapidement, une fois que l'attention des explorateurs de tous les pays aura été appelée sur cette intéressante et quelque peu mystérieuse question.

Les pièces que j'ai étalées ici, et que j'aurai soin de faire passer sous les yeux de mes collègues, au fur et à mesure que je les décrirai, se rapportent aux deux ordres de pièces signalées l'année dernière à Lyon. Voilà, d'un côté, de nombreuses rondelles plus ou moins semblables à celle que vous connaissez déjà ; et voici, de l'autre côté du bureau, de nombreux crânes perforés que j'ai divisés en deux séries, dont l'une ne présente que des crânes perforés pendant la vie et cicatrisés ; dont l'autre présente en même temps des crânes avec perforations probablement posthumes.

Je commencerai par la description des diverses perforations, de celles qui sont cicatrisées et de celles que j'appelle posthumes ; je décrirai ensuite les rondelles crâniennes ; j'émettrai enfin quelques hypothèses plus ou moins plausibles sur l'explication dont les faits, que j'aurai signalés, me paraissent jusqu'ici susceptibles.

I

Avant de commencer la description des crânes perforés, je vous demanderai, Messieurs, la permission de faire en quelques mots l'historique de ma découverte.

C'était en 1867. Par une belle journée d'été, je fouillais un très-grand dolmen sur le causse de Chanac (Lozère). Les os humains étaient abondants, mais extrêmement ramollis et très-fragiles. Beaucoup d'os longs, quoique plus ou moins cassés par le tassement des terres, ou par suite des enterrements successifs, étaient très-beaux. Le péroné que je vous ai présenté récemment comme parfaitement semblable aux péronés du grand vieillard de Cro-Magnon, provient de cette fouille. Mais les crânes étaient si écrasés, et dans un état de décomposition si avancée que je devais les considérer comme à peu près inutiles pour l'étude. Je n'ai pu en reconstituer que quatre, tous incomplets d'ailleurs, mais dont deux très-remarquables : le premier, brachycéphale, par ses vastes dimensions : c'est le plus grand crâne que j'aie jamais découvert ; le deuxième, parce qu'il présente une fracture cicatrisée du front. Ces deux crânes sont au laboratoire de l'École des hautes études sous les n°s 10 et 12 de ma série des dolmens.

J'avais vidé les quatre cinquièmes de mon dolmen en fouillant de haut en bas et couche par couche, procédé que je recommande, malgré ses difficultés, aux explorateurs qui veulent conserver les os; je désespérais de pouvoir recueillir un crâne à peu près entier, lorsque soudain, je vois, à la pointe de mon grattoir, un *occipital* que voici, et qui était si frais, si blanc, si lourd, j'oserais presque dire si plein de vie organique, qu'on aurait pu penser, en le voyant, que cet os n'était là que depuis la veille.

Cet os, retiré de la terre depuis sept ans, s'est desséché chez moi ; mais vous pouvez vous assurer qu'il conserve encore les caractères que je viens de mentionner ; et vous jugerez de son incomparable conservation en le comparant aux nombreux crânes qui sont ici, et surtout aux autres fragments crâniens que j'ai placés à côté de lui, et qui proviennent de la même fouille.

La vue de cette pièce exceptionnellement blanche et saine, perdue au milieu de plus de deux milliers d'os noirs, et si ramollis qu'on aurait pu les croire presque pourris, devait faire impression sur moi. Je considérai longuement cet occipital, à l'admirable conservation duquel je ne compris rien; mais je conçus au moins immédiatement l'espoir de retrouver les autres parties d'un crâne dont un grand fragment était si merveilleusement conservé.

Je repris donc ma fouille avec une nouvelle ardeur, et je fouillai jusqu'à la nuit; mais je ne trouvai plus un seul fragment crânien ayant la couleur, l'épaisseur, la consistance de mon remarquable occipital. J'allai coucher à Chanac avec mon ami M. l'ingénieur Trilhe, qui m'avait accompagné dans cette excursion, et avec mes fouilleurs. Le lendemain, à l'aurore, nous étions tous de nouveau à l'œuvre. Le dolmen fut raclé jusque dans ses moindres fissures; les terres extraites la veille furent revues : tout fut inutile.

Je classai alors, un à un, tous les os extraits, qui durent en masse, jusqu'aux plus petits fragments, être emportés à Marvéjols; mais préalablement, sur place, une fois tous les os mis en ordre, je comptai le nombre de sujets exhumés, et je constatai que le mégalithe avait reçu, avec celle d'un certain nombre d'enfants et d'adolescents, la dépouille de douze adultes.

Or, je retrouvais, plusieurs fois brisés, mais cependant faciles à reconstituer, les occipitaux de ces douze adultes.

J'avais, en sus, l'occipital dont la conservation m'avait tant frappé. Cette pièce était donc un os surnuméraire, seul représentant dans le dolmen d'un sujet dont la dépouille avait été très-certainement déposée ailleurs.

Je m'aperçus alors, comme vous pouvez le constater encore aujourd'hui en examinant les bords de cette pièce, qu'elle avait été cassée violemment et qu'elle n'avait pu s'éclater ainsi qu'à l'état frais. Cette dernière observation n'a peut-être plus rien d'étonnant aujourd'hui après la découverte des rondelles crâniennes ; mais vous comprendrez qu'elle ait dû, au début, me préoccuper au moins autant que l'état de conservation, de couleur, de densité, etc., que présentait cette belle pièce.

Quant à cette conservation si rare, il serait peut-être téméraire d'en essayer une explication. Cependant, beaucoup de rondelles sont encore, quoique à un degré moindre, très-bien conservées : ainsi celle que vous venez de revoir. Je me suis donc souvent demandé, comme je me demande toujours, depuis mes découvertes subséquentes, si cette conservation exceptionnelle ne tiendrait pas à ce fait, qu'avant de les déposer dans les dolmens, on a pu très-longtemps entourer de soins spéciaux ces objets probablement précieux. Je dirai plus tard qu'on les portait suspendus. Ne serait-il pas possible que, dans le cas particulier dont je parle, la matière organique de l'occipital, s'étant au moins longuement desséchée à l'air libre, se soit ainsi complétement modifiée et presque momifiée, de telle sorte que l'os serait devenu à peu près inaltérable, le jour où on l'a déposé dans la terre peut-être avec la dépouille de son heureux possesseur ?

Si on voulait d'ailleurs pousser plus loin les inductions d'après ce que nous savons maintenant par des découvertes subséquentes, on pourrait aussi se demander encore si ce possesseur n'aurait pas été l'homme au frontal fracturé et guéri, dont je trouvai en même temps le crâne dans le même tombeau.

Quoi qu'il en soit, j'avais retiré de cette observation un enseignement qui ne doit jamais être oublié : celui d'étudier avec une attention minutieuse tous les débris osseux qu'on trouve dans les fouilles des sépultures antiques. Dès ce moment et pendant longtemps, je ne me contentai même plus d'une étude sommaire faite sur le terrain. Je crus qu'il était bon de revoir tous les débris de squelette dans mon cabinet ; il me parut qu'il serait toujours temps de rejeter les fragments complétement inutiles ; et j'emportai, d'après ce principe, quelquefois, chez moi de véritables charretées d'os pour les réétudier à loisir.

En procédant ainsi, je colligeai peu à peu beaucoup de pièces intéressantes, et notamment dans un grand dolmen appelé « la Cave des fées », la rondelle curieuse représentée dans la figure 6. L'occipital dont je viens de raconter la découverte avait des bords cassés violemment ; mais il était impossible de tirer une conclusion quelconque de cette unique pièce ; ici, au contraire, le travail de l'homme est tellement évident sur le sillon creusé autour de la rondelle, qu'il fut dès ce moment certain pour moi que les hommes des dolmens travaillaient quelquefois les os de leurs semblables. Mais j'avais beau me creuser le cerveau, je ne voyais encore aucun moyen logique d'expliquer ces premiers faits. Cependant, je ne tardai pas à découvrir de nouveaux fragments crâniens qui me parurent se rattacher à mes premières trouvailles, et qui font partie de ma communication d'aujourd'hui. Ces nouvelles pièces, dont plusieurs sont exposées ici, présentaient, sur un de leurs bords, un arc concave, à bords polis. qui n'avait évidemment pas été creusé par la dent des rongeurs. On sait, en effet, qu'une foule de petits carnassiers, des genres murins et mustelins surtout, ont souvent rongé les os des dolmens et y ont laissé des empreintes caractéristiques dont je fis alors une bonne étude qui m'a bien servi consécutivement dans mes recherches sur les bois du lac Saint-Andéol. L'arc concave que présentent, sur un de leurs bords, les fragments que je recueillis à cette époque, avait, comme je le dirai plus tard (ce que je ne pouvais soupçonner alors), fait partie, le plus souvent, d'une perforation entière. Voici un de ces fragments, dont le bord, creusé artificiellement en demi-cercle d'un assez grand diamètre, présente toutes les cellules du diploé ouvertes, et, dans le sens de sa longueur, de nombreuses stries parallèles produites par le raclement d'un silex ébréché.

La plupart de ces nouvelles pièces avaient été cassées accidentellement sur leur périphérie dans l'intérieur du dolmen, et n'étaient remarquables que par le bord poli ; mais d'autres semblaient avoir été éclatées à l'état frais, comme l'occipital que j'ai décrit, et n'étaient pas sans analogie avec ces calottes crâniennes que les étudiants en médecine détachent à l'aide du marteau pour étudier l'intérieur de la base du crâne.

Ma mémoire me rappelant alors que beaucoup de peuples parmi ceux de l'antiquité historique, et entre autres les Celtes, avaient été accusés de boire dans le crâne de leurs ennemis vaincus qu'on enchâssait même quelquefois dans l'or, et qui servaient de coupe dans les temples (1), je ne vis qu'un moyen d'expliquer les calottes crâniennes et les fragments que je viens de décrire : je les regardai comme des coupes à boire, dont le bord poli aurait été l'embouchure. Mais les rondelles restaient à peu près inexplicables.

J'écrivis dans ce sens à la Société d'anthropologie.

Cependant les trouvailles se multipliaient, et je découvris bientôt de nouvelles pièces dont ma première hypothèse ne pouvait évidemment plus rendre compte. Je crus, dès lors, devoir suspendre mes conclusions, et pris le parti de ne pas donner suite à ma communication.

Je n'avais pas encore découvert de perforations entières ; mais en juin 1870, dès mes premières fouilles dans la caverne de l'Homme-Mort, j'en recueillis trois en quelques heures, dans une seule soirée. Chacune

____

(1) *Calvum auro cœlavere, idque sacrum vas iis erat, quo solemnibus libarent, poculumque idem sacerdoti ac templi antistibus.* (Tit., liv. XXIII, cap. 24.)

de ces perforations était d'un type différent, et j'avais trouvé, en même temps, une rondelle nouvelle d'une forme particulière. Les crânes de la caverne de l'Homme-Mort étant merveilleusement conservés, et tous les os, même ceux des petits enfants, aussi sains et souvent aussi blancs que ceux des squelettes modernes de nos musées d'anatomie, les perforations étaient complètes et leurs bords intacts.

Ce jour-là, toutes mes appréciations précédentes se trouvèrent encore une fois en défaut et partant à modifier.

L'exposition sommaire de l'ordre dans lequel se sont succédé mes trouvailles vous expliquera, Messieurs, mes hésitations, mes incertitudes et mon long silence. Notre éminent président, M. le professeur Broca, ayant eu l'occasion de me parler par deux fois de cette question des os humains travaillés par l'homme lui-même, je m'étais borné à répondre : « Attendons, le moment n'est pas encore venu. » J'avais, en effet, pris la résolution d'attendre qu'une nouvelle découverte apportât enfin quelque lumière dans cette obscure question.

Cependant, j'avais depuis très-longtemps promis à M. Broca, pour son laboratoire, une série de crânes des dolmens : je commençai à tenir ma promesse l'été dernier ; et j'insérai dans le crâne n° 28 une petite boîte en carton renfermant la rondelle que ce crâne m'avait donnée. M. Broca apporta la boîte et la rondelle à Lyon ; et c'est sur ses conseils que je me décidai à la présenter aux membres du congrès.

Ces renseignements préliminaires donnés, je vais aborder la description des crânes perforés.

Des dix crânes perforés étalés sur le bureau, trois proviennent de la caverne de l'Homme-Mort ; deux des grottes de Baye et les cinq derniers des dolmens de la Lozère.

A l'occasion de cette caverne de l'Homme-Mort, permettez-moi de faire remarquer immédiatement un fait qui me paraît avoir une certaine valeur et sur lequel j'aurai à revenir dans le cours de ma communication. On sait que cette caverne n'a donné que dix-neuf crânes complets, et quelques fragments des crânes brisés par l'homme qui avait ouvert cette sépulture. Or, trois crânes sur dix-neuf, presque le sixième, présentent des perforations remarquables ; et parmi les quelques fragments recueillis, une calotte crânienne avait encore très-certainement appartenu à un crâne perforé. De plus, des trois crânes perforés, deux appartiennent à des femmes ; et un de ces derniers doit être rangé dans la catégorie des crânes à perforations mixtes, que je décrirai dans un instant. J'ai d'ailleurs mentionné déjà une rondelle crânienne recueillie dans la même caverne.

Les huit crânes perforés de provenance lozérienne, que j'ai apportés à Lille, ne sont du reste pas les seuls que j'ai recueillis dans mes fouilles : j'en ai envoyé deux autres, qui ne figurent pas ici, au laboratoire de l'École des hautes études, où ils sont inscrits sous les n°s 20 et 28 de ma série des dolmens. J'en possède en outre encore un petit nombre dans mes collections, à Marvéjols.

De plus, voici, à côté des crânes entiers, une dizaine de fragments ayant appartenu à tout autant de crânes différents, qui portent tous une partie plus ou moins grande d'une perforation artificielle.

On peut juger par ces chiffres, qui ne représentent cependant que les trouvailles d'un seul explorateur dans une période de quatre ou cinq ans, combien sont fréquentes les perforations crâniennes à l'époque néolithique.

Il n'y a pas de point d'élection pour les perforations : elles existent sur le frontal, les pariétaux, l'occipital; le crâne de femme n° 19 est perforé sur la région temporale.

Leurs dimensions varient comme le siége; mais avant de parler de ces dimensions, je dois décrire l'aspect que présentent leurs bords.

L'examen attentif de ces bords démontre en effet que certaines perforations ont été faites le plus souvent de longues années avant la mort, et que d'autres sont très-probablement posthumes. Les bords des premières sont en effet cicatrisés, et cicatrisés depuis si longtemps, que le plus souvent elles paraissent remonter à l'enfance; ceux des deuxièmes ne présentent aucune trace de cicatrisation ni de travail inflammatoire. M. le professeur Broca a décrit, avec grand soin, les deux sortes de bords devant la Société d'anthropologie; et j'avais de mon côté, depuis plusieurs années, reconnu la cicatrisation de certaines perforations, que je désignai sous le nom de *perforations pathologiques* dans la note qui accompagna mon premier envoi de crânes des dolmens, au laboratoire de l'École des hautes études, en juillet 1873, pendant que M. Broca était aux eaux de Contrexéville.

Les perforations à bords cicatrisés ont toujours des bords taillés en biseau aux dépens de la face externe, amincis du côté de l'interne, lisses, éburnés, comparables à ceux que présentent les anciennes ouvertures du trépan. Ces bords sont recouverts d'une couche de tissu compacte, qui se confond, sans ligne de démarcation sensible, avec la lame compacte de la surface externe des os du crâne.

Les bords que j'appelle *posthumes* parce qu'ils ont été incisés très-probablement après la mort, sont encore souvent taillés en biseau, aux dépens de la surface externe, *polis et tranchants*, comme on le voit sur la rondelle de Lyon et sur un grand nombre d'autres pièces; mais ils sont aussi quelquefois plus ou moins perpendiculaires, striés et rugueux. Ce qui les distingue surtout et sûrement des premiers, c'est que les cellules du diploé restent ici constamment ouvertes, tandis qu'au contraire, sur les bords cicatrisés, ces cellules sont effacées, voilées et recouvertes par un tissu compacte de nouvelle formation. « Le caractère le plus

» décisif des cicatrices crâniennes, celui qui les distingue au premier
» coup d'œil des pertes de substances posthumes ou des blessures ré-
» centes, a dit M. Broca devant la Société d'anthropologie, c'est l'absence
» des porosités diploïques, qui, au lieu de rester ouvertes, ont été com-
» blées et effacées par une couche cicatricielle de tissu compacte. »

Ces caractères si tranchés, si faciles à constater, des bords des perforations, nous permettent de classer les crânes complétement perforés,
ainsi que les grands fragments crâniens apportés ici, en deux catégories.

La première catégorie sera formée des crânes qui ont, sur tout le
pourtour de la perforation, des bords cicatrisés : tel est le crâne n° 5
de la caverne de l'Homme-Mort; tel est encore le crâne n° 25, de ma
série des dolmens (fig. 3).

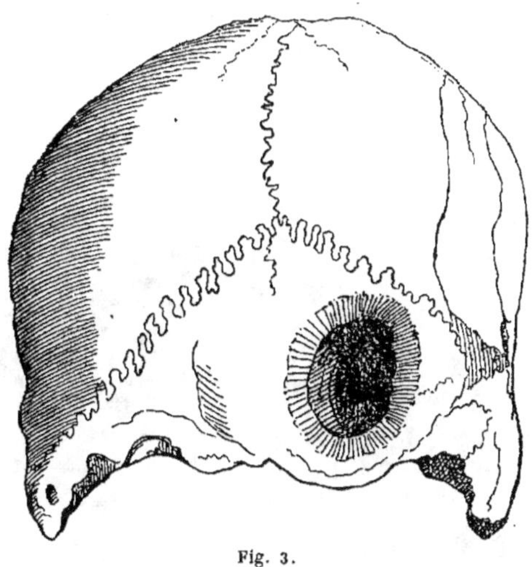

Fig. 3.

Dans ces crânes, l'ouverture, presque toujours ronde ou ovale, est
d'une étendue variable. On peut voir sur le dernier crâne que je viens
de citer une perforation qui atteint à peine les dimensions d'une pièce
de 2 francs; et voici un grand fragment crânien qui présente une échancrure à bords cicatrisés, dont le grand diamètre a près de 8 centimètres
de longueur; mais comme le bord inférieur manque, on ne saurait juger
exactement de la largeur, qui est peut-être un peu moindre. Du reste,
quoique ce cas ne soit pas exceptionnel, on peut dire d'une manière
générale que le diamètre moyen de ces perforations se rapproche beaucoup de celui d'une pièce de 5 francs.

Je n'ai pas encore recueilli de crânes présentant une perforation entière, dont tous les bords aient été incisés après la mort. Les diverses

pièces ne présentant que des bords sans traces de cicatrisation, sont malheureusement toutes incomplètes : on conçoit donc qu'il pourrait fort bien se faire que la partie du bord, qui est aujourd'hui remplacée par une brèche, eût été primitivement occupée par une section de bord cicatrisé. Je ne saurais donc faire une catégorie à part des pièces de cette espèce.

Les pièces de ma seconde catégorie présentent des bords mixtes, c'est-à-dire cicatrisés sur un point, et incisés, taillés, sciés, etc., *post mortem* sur tous les autres points.

Ce sont des crânes qui avaient présenté, pendant la vie, une perforation cicatrisée semblable à celles de la première catégorie, et sur lesquels on a enlevé, après la mort, au pourtour de l'ouverture guérie, une ou plusieurs de ces rondelles dont je parlerai dans un instant.

Voici, Messieurs, une pièce remarquable qui établit ces faits de la façon la plus incontestable (figure 4).

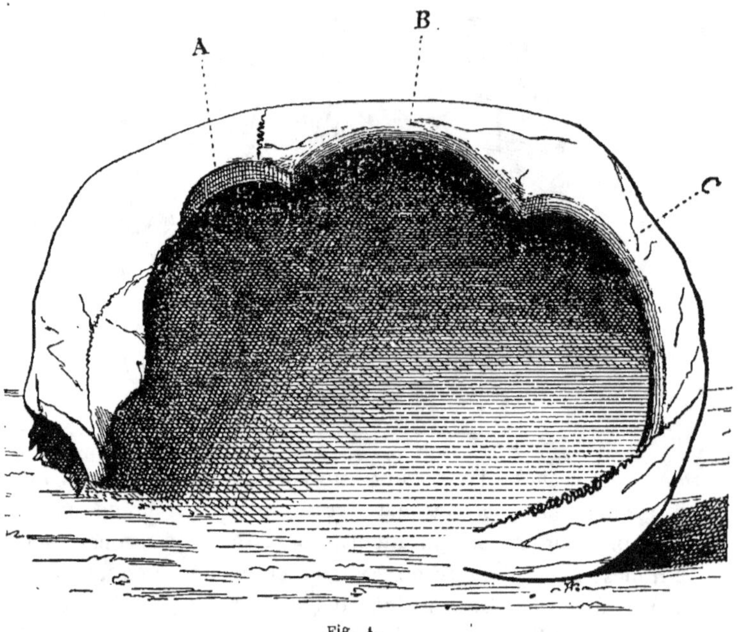

Fig. 4.

Il s'agit d'un crâne volumineux, dont j'avais aperçu la curieuse et vaste ouverture au moment même de ma fouille. J'avais enlevé ce crâne avec la terre qui l'entourait, et l'avais emporté plein de terre sur un lit de mousse, dans un de ces paniers en forme de nid de pigeon, que j'ai fait confectionner pour sauver d'une destruction imminente des crânes extrêmement fragiles quand on les retire de la terre humide des dolmens. De peur de l'altérer en y touchant, je l'ai, comme du reste beaucoup d'autres crânes, conservé dans le même état, pendant plusieurs années, dans mes collections.

Au moment de la discussion qui eut lieu, devant la Société d'anthropologie de Paris, sur les perforations crâniennes, je me décidai, sur la prière de M. Broca, à débarrasser, pour l'envoyer à Paris, ce crâne de sa terre, dont le poids l'aurait réduit en poussière pendant les secousses du trajet. Je ne vous parlerais pas du soin que j'apportai à une opération si délicate, si je n'avais tout à coup aperçu, au milieu de la terre très-durcie qui remplissait la cavité, et que je détachais miette à miette avec un crochet à broderie, une nouvelle rondelle crânienne. Vous vous rappelez que la rondelle de Lyon avait été découverte dans des circonstances identiques. Mais la nouvelle pièce recueillie dans le crâne actuel, tout en étant au moins aussi bien conservée que la première, est peut-être plus intéressante encore, car ses bords sont polis de deux côtés et cicatrisés sur le troisième.

Le crâne vidé et consolidé fut emballé avec soin et dirigé sur Paris; mais, pendant le trajet, une petite partie du bord inférieur de l'ouverture tomba en poussière et ne put être recollée. Il en résulte que la perforation, primitivement entière, se présente aujourd'hui sous la forme d'une grande échancrure.

Cette échancrure mesure 13 centimètres de longueur sur 10 de hauteur maximum; elle intéresse le frontal, le pariétal, l'occipital et le temporal. Il est évident, à simple vue, que la vie n'eût pas été compatible longtemps avec une pareille mutilation. Aussi cette vaste perte de substance n'est-elle cicatrisée que sur un point, sur un très-court segment de sa circonférence. Vous voyez que le bord supérieur de l'échancrure est formé par trois arcs de cercle se succédant d'avant en arrière. Un seul de ces trois arcs présente un bord cicatrisé; les bords des deux autres, comme le reste du pourtour de l'ouverture, sont partout sciés, râpés, polis, en un mot *posthumes,* ou du moins tels qu'ils n'ont évidemment subi aucun travail inflammatoire.

La grande ouverture du crâne n° 19 de la caverne de l'Homme-Mort est de la même nature que celle du crâne précédent : c'est encore une perforation mixte, dont le bord postérieur appartient à une perforation cicatrisée pendant la vie, et dont les autres bords ont été taillés en biseau et polis après la mort.

Aux deux catégories de crânes perforés que je viens de décrire on pourrait peut-être en ajouter une troisième formée de crânes présentant des pertes de substances non pénétrantes : tels sont les crânes n° 8 de la caverne de l'Homme-Mort et n° 18 de ma série des dolmens. Dans ces deux pièces, la perte de substance, superficielle et recouverte d'une couche de tissu compacte de cicatrisation, est arrondie et de la grandeur d'une pièce de cinq francs en argent.

Je ne sais si je dois mentionner, et, dans tous les cas, je ne le fais que pour mémoire, ce fait que je n'ai encore rencontré jusqu'ici des perforations cicatrisées, avec sections posthumes, que sur des crânes dolichocéphales. Cette observation n'a, dans tous les cas, qu'une très-minime importance, vu que les crânes brachycéphales sont en très-grande minorité dans mes mégalithes. Mais elle pourrait acquérir un certain intérêt, si elle n'était pas contredite par des découvertes subséquentes, surtout en présence de cette idée, qu'un certain nombre de faits me portent à regarder comme fondée, que les brachycéphales sont arrivés assez tard sur nos causses et y ont importé, avec le bronze probablement, les produits et les principes d'une autre civilisation.

II

La pièce crânienne que je montrai l'année dernière à Lyon, et que j'ai eu l'honneur de remettre sous vos yeux aujourd'hui, a une forme arrondie, et je l'appelai *rondelle*. Les autres pièces de même nature que j'ai recueillies jusqu'ici sont un peu de toutes les formes : en voici une série de carrées, longuettes, triangulaires, trapézoïdales, etc.; le nom de *rondelles* ne saurait donc leur convenir. J'ai été un moment tenté, en considération de leur destination possible, de leur donner celui d'*amulettes*, qui conviendrait à toutes les formes; mais, tout bien considéré, je m'en tiens au nom de *rondelles*, qui a le grand avantage de ne rien préjuger du but des hommes qui découpèrent ces diverses pièces dans des crânes humains.

La rondelle présentée à Lyon montre sur toute sa circonférence un bord parfaitement poli et taillé en biseau aux dépens de sa surface externe. Les cellules du diploé sont ouvertes dans tout le pourtour de ce bord. Toutefois, dans un point où l'on voit sur la table interne les signes d'une vascularisation assez prononcée, les cellules voisines sont en partie effacées. Il semblerait résulter de là que cette pièce, comme un grand nombre de rondelles dont je parlerai dans un instant, aurait été découpée sur un crâne portant une perforation cicatrisée et dans le voisinage de cette perforation, dont le bord caractéristique aurait été en grande partie effacé par un polissage consécutif.

Plusieurs autres rondelles ont également, sur toute leur circonférence, des bords taillés en biseau et polis artificiellement par la main de l'homme.

D'autres, au contraire, ont été tantôt sciées, tantôt raclées ou limées perpendiculairement. Sur quelques-unes on voit les stries produites par un silex ébréché, parallèles aux bords de la pièce et suivant la direction de ce bord.

Sur certaines, ainsi sur celle que voici, qui provient de la caverne de l'Homme-Mort, on remarque plusieurs *échappées* de la scie ayant divisé l'os dans toute son épaisseur jusqu'à la table interne, qu'on semble avoir éclatée en pesant sur la partie préalablement divisée par la scie, dans les cinq sixièmes de l'épaisseur totale.

Quelques pièces ont été limées, polies, ou sciées d'un côté et simplement éclatées sur les autres bords.

Vous vous rappelez que l'occipital, qui fut le point de départ de ma découverte, a été éclaté violemment sur toute sa circonférence.

Les bords de certaines pièces, comme sur la rondelle de Lyon, ne montrent dans tout leur pourtour qu'un travail posthume; mais sur le plus grand nombre un segment de la périphérie est cicatrisé. Quelquefois même, la partie cicatrisée a la forme d'un arc de cercle s'ouvrant au dehors, qui indique que les rondelles présentant cette disposition ont été découpées sur le bord de perforations dont on peut soupçonner, dans certains cas, le diamètre. Quand on a vu le crâne à trois arcs de la figure numéro 4, ou le crâne numéro 8, de la caverne de l'Homme-Mort, cette nouvelle preuve n'était point nécessaire, mais elle vient corroborer et établir de la façon la plus incontestable ce que j'ai dit précédemment, à savoir qu'on choisissait souvent sinon toujours les crânes à perforations cicatrisées pour se procurer des rondelles. Leur vertu résidait-elle dans le tissu de cicatrice, ou mieux n'était-ce pas pour établir leur authenticité qu'on conservait à ces rondelles une partie d'un bord qu'on ne peut reproduire artificiellement ?

Voici une rondelle de cette espèce qui me paraît très-remarquable. Cette pièce a la forme d'un triangle presque régulier, dont le grand angle correspond à une hypoténuse concave sur sa partie médiane qui est cicatrisée (fig. 5).

Cet arc de cercle, dont la corde mesure près de 0^m,03, a évidemment appartenu à une perforation cicatrisée d'un assez grand diamètre; la pièce est très-épaisse ; les autres côtés sont polis et taillés en biseau comme sur la rondelle de Lyon. Mais ce qui fait le mérite principal de cette nouvelle pièce, c'est qu'on voit sur la face convexe deux séries de traits de scie en ligne droite, avec des *échappées* multiples, s'étendant d'un point voisin du sommet du grand angle, jusqu'au milieu de l'arc cicatrisé, que j'ai signalé sur l'hypoténuse. Ne semble-t-il pas qu'on ait voulu diviser cette magnifique pièce en deux pièces secondaires, pour faire deux heureux ? Si on voulait une nouvelle preuve du prix qu'on attachait à avoir, dans les rondelles, une petite partie de bord cicatrisé, on la trouverait encore dans la pièce que voici. Cette pièce de forme trapézoïde, arrondie aux quatre angles, a de 6 à 7 centimètres de longueur. Des deux petits bords, le plus large a deux centimètres et demi, et est opposé à un bord cicatrisé qui n'a guère qu'une douzaine de millimètres. Cette pièce a été sciée sur les trois grands côtés.

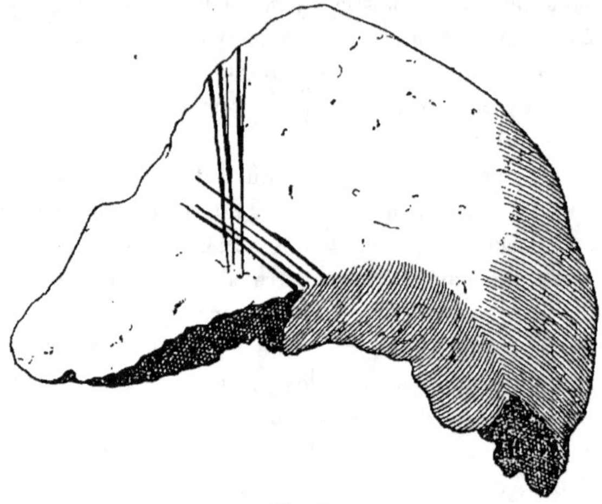

Fig. 5.

Certaines rondelles présentent, sur leur surface externe, des stries très-fines, en tout point semblables à celles que M. Broca a signalées sur les os de renne, dans son célèbre mémoire *les Troglodytes de la Vezère:* ce qui établit bien clairement que les crânes étaient encore recouverts des téguments, et ont dû en être dépouillés à l'aide du silex, avant qu'on découpât les rondelles.

Comment procédait-on à cette opération ? La chose est facile à comprendre pour les pièces manifestement sciées ou éclatées. Mais d'autres pièces, ainsi la rondelle de Lyon, présentent un bord poli, taillé en biseau aux dépens de la surface externe. Nous avons vu précédemment que les crânes sur lesquels on avait enlevé des rondelles présentent souvent la même disposition. Il m'a paru dès lors que ces dernières pièces pourraient bien avoir été détachées par un long raclement, à l'aide d'un silex anguleux, creusant un sillon de plus en plus profond autour de la pièce à détacher; et de là, les deux biseaux opposés qu'on trouve d'un côté sur le crâne, de l'autre sur la pièce détachée. Ce procédé se comprend d'autant mieux que tous les anatomistes savent qu'il n'est pas encore très-facile de scier un crâne avec nos scies perfectionnées. Les difficultés seraient bien plus grandes si on voulait obtenir une rondelle régulière comme celle de Lyon. Une scie grossière aurait-elle pu produire un travail si parfait ?

Vous vous rappelez que la remarquable rondelle, que j'appelle *la ron-*

delle de Lyon, avait été trouvée à l'intérieur d'un crâne perforé. Dans le cours de ma communication d'aujourd'hui, j'ai signalé une autre rondelle recueillie en vidant le crâne à trois arcs de la figure 51. Après la première trouvaille de cette espèce, je m'étais demandé si la rondelle déposée auprès du cou du cadavre n'aurait pas été introduite fortuitement dans l'intérieur du crâne après la destruction des parties molles. Les crânes de nos dolmens sont en effet toujours remplis de terre, de cailloux, de petits os ou de fragments osseux, quelquefois mêlés à des grains de collier et à des objets divers qui y ont pénétré dans les enterrements successifs, et qui y ont été tassés par la poussée des terres, à tel point qu'on a souvent, surtout quand la terre est argileuse, beaucoup de peine à retirer tous ces objets. On comprendrait donc qu'un accident fortuit eût pu, une fois par hasard, faire pénétrer une rondelle dans un crâne présentant une grande échancrure. Mais aujourd'hui, après avoir constaté plusieurs fois la répétition du même fait, je ne crois pas qu'il soit permis d'invoquer une cause accidentelle. Il semble même qu'il y ait là plus qu'un fait intentionnel mais rare : on dirait qu'il s'agit d'un usage parfaitement établi.

Plusieurs rondelles ont été cependant trouvées à l'état libre au milieu des os humains qui remplissent nos mégalithes. Mais beaucoup de crânes fragmentés ont leurs débris éparpillés un peu partout dans toute l'étendue de la couche ossifère ; les grands fragments crâniens présentant une partie de perforation cicatrisée, que je vous ai montrés précédemment, ont été trouvés dans des circonstances analogues. Tous ces fragments ont cependant appartenu à des crânes entiers, qui ont été cassés dans le cours des enterrements successifs ; et rien ne prouve que les rondelles trouvées aujourd'hui à l'état libre n'aient pu être déposées dans l'intérieur de ces crânes perforés, au moment de l'inhumation.

De tout ce qui précède ressortent deux faits qui me paraissent parfaitement établis : 1° qu'avant d'enterrer un personnage, homme ou femme, qui avait porté pendant la vie une perforation cicatrisée, on enlevait quelquefois sur son crâne des rondelles tout autour de cette perforation, et avec une partie de ses bords ; 2° qu'en l'inhumant on lui restituait, on restituait à son crâne mutilé une rondelle prise sur un autre individu.

D'où provenaient ces dernières pièces ? On n'en sait évidemment rien pour celles dont les bords sont incisés, sciés, éclatés, polis sur toute leur circonférence ; mais comme certaines autres présentent une petite partie d'un bord cicatrisé, on serait peut-être fondé à penser que les unes et les autres avaient une commune origine. Ce qui le prouverait peut-être encore, c'est le prix qu'on attachait à ces rondelles qu'on portait certainement quelquefois attachées à un lien suspenseur. Voici une pièce de forme trapézoïde, dont les quatre bords ont été entaillés par la scie et les angles arrondis et polis là où ils devaient être tranchants, comme sur la lame interne éclatée. Vous voyez sur cette pièce (fig. 6) deux fortes entailles, creusées sur les deux bords parallèles et réunies par un sillon assez large, évidemment destiné à un lien suspenseur.

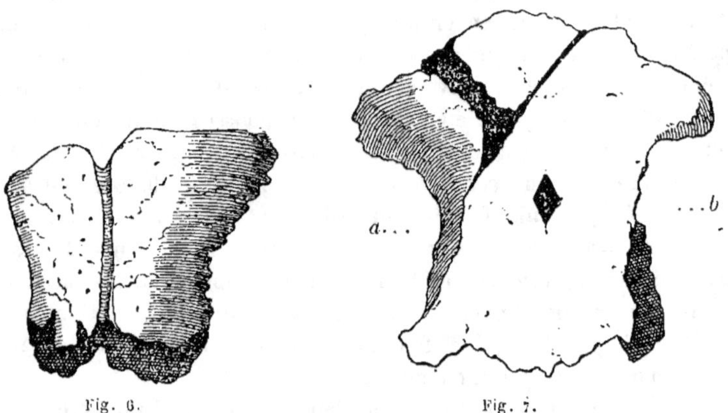

Fig. 6.   Fig. 7.

MM. Broca et Lagneau ont vu, à Baye, une rondelle exactement semblable à celle de Lyon, mais percée d'un trou de suspension ; et j'en ai apporté une à Lille qui me paraît plus curieuse encore (fig. 7), c'est une grande rondelle, de forme irrégulièrement carrée, présentant sur un de ses bords la moitié d'une grande perforation cicatrisée. On a essayé de la perforer au centre, avec un silex, en creusant un petit trou en forme de losange très-régulier.

La profondeur du trou, dont les quatre côtés en ligne droite sont très-nets, intéresse la table externe et le diploé ; on semble s'être arrêté devant la dureté de la table interne ; et on a alors, à l'aide de la scie, creusé le bord *b* opposé au bord *a* cicatrisé, en donnant à la pièce ainsi échancrée la forme d'une de ces planchettes qui servent souvent de bobines pour dérouler un écheveau de fil.

Il est évident que ces deux dernières pièces pouvaient être suspendues, de la même manière, par un lien suspenseur noué autour de leur partie artificiellement rétrécie. Mais la rondelle de la figure 7 présente, à gauche, la moitié d'une perforation cicatrisée, tandis que rien ne prouve que la précédente ait appartenu à un crâne de cette espèce : j'ai dit précédemment que la rondelle de Lyon pouvait laisser soupçonner cette origine, grâce à quelques traces de vascularisation qu'on voit sur un point de son bord poli ; mais ici, ce n'est que par analogie que nous pourrions avoir l'idée d'une semblable provenance.

III

Comment expliquer les perforations et les divers faits que je viens de décrire sommairement ?

Il me semble qu'il est un premier fait qui ne saurait soulever aucune contestation, et qui est évident pour tout le monde : c'est celui des rondelles crâniennes incisées, détachées par la main de l'homme, et dont quelques-unes ont été intentionnellement percées, entaillées, pour être suspendues.

On pourra différer sur le but, sur l'intention qui a présidé à la confection de ces pièces ; on ne saurait contester la main de l'homme dans le travail qu'elles accusent.

Il en est évidemment de même pour les incisions regardées comme posthumes qu'on voit sur certains crânes : le travail de la main de l'homme est incontestable à tous les yeux, et incontesté, sur ces grandes échancrures produites par l'enlèvement de rondelles autour des perforations cicatrisées, pratique dont le crâne représenté dans la figure 4 nous donne une complète démonstration.

Il est donc définitivement acquis à la science que les hommes de l'époque néolithique découpaient, sciaient, polissaient, au moins après la mort, dans certains cas, les crânes de leurs semblables.

Mais d'autres faits restent à expliquer ; et parmi ces derniers faits, le premier, le plus important, celui qui me paraît dominer toute la question, est celui de ces perforations cicatrisées que j'ai décrites au commencement de ma communication.

Ici, deux hypothèses s'imposent à mon examen, et toutes les deux peuvent s'étayer sur des arguments d'une grande valeur. Après avoir exposé ces deux hypothèses, après avoir discuté les arguments pour et contre, je dirai comment je comprendrais pour ma part qu'elles puissent se rattacher l'une à l'autre, et être ramenées au même ordre d'idées.

La première de ces hypothèses est celle de blessures reçues à la guerre, à la chasse ou accidentellement, ce qui est de tous les temps et de tous les lieux, et guéries par la seule force médicatrice de la nature, aidée peut-être de l'extraction chirurgicale des esquilles. J'ose prononcer le nom de *chirurgie* à l'époque néolithique, et je le prononcerais encore lorsqu'il s'agirait de l'époque paléolithique, car la chirurgie, art manuel, est aussi ancienne que le monde. L'homme a pu de tout temps se soulager de certains maux extérieurs. Partout et toujours, sous l'influence de la douleur et de l'expérience acquise, son intelligence lui démontrera la nécessité d'enlever une épine ou un trait entré dans ses chairs, d'arrêter une hémorrhagie, etc. Du reste, nous voyons dans

AJ**

Homère qu'à l'époque fabuleuse de la guerre de Troie, la chirurgie est déjà un art : Machaon et Podalire, fils d'Esculape, pansent les plaies des blessés et les recouvrent de plantes amères. N'a-t-on pas vu la même chose chez les peuples sauvages de tous les pays ? A la même date, la médecine n'existe pas encore chez les Grecs ; le grand prêtre Calchas est aussi le suprême médecin qui prie les dieux d'éloigner la peste du camp d'Agamemnon. Heureux les croyants de cette époque quand on ne leur demande pas, pour calmer les colères suprêmes ou pour obtenir le concours de la divinité, le sang des Iphigénie ou celui de la fille de Jephté ! Quant à la force médicatrice de la nature, on pourrait peut-être se demander si elle n'était pas plus grande chez les populations épurées dans la lutte pour l'existence de l'époque néolithique que dans nos sociétés civilisées. Dans son grand mémoire sur les crânes de l'Homme-Mort, M. le professeur Broca a développé, avec son incomparable talent, cette idée que la civilisation fait participer au banquet de la vie une foule d'individus faibles, maladifs, que la brutalité des lois de la concurrence vitale devait éliminer à l'époque néolithique. Les faibles disparaissant ainsi, il ne restait que les plus énergiques, les plus forts de leur race, c'est-à-dire ceux qui résistent toujours le mieux aux blessures, comme aux privations et à l'ennemi.

Quoi qu'il en soit, tous les médecins savent que la solution de continuité des os du crâne n'est pas, par elle-même, une lésion grave, et que la gravité d'une pareille blessure tient uniquement aux complications qui peuvent se présenter. Il est d'ailleurs bon de noter que ces complications, qui sont l'épanchement du sang, l'encéphalite, la contusion, la compression du cerveau, etc., arrivent bien plus souvent quand il n'y a qu'une seule fissure, que lorsqu'il y a une perforation complète ; c'est ainsi qu'on a vu, nombre de fois des fractures multiples et très-étendues ne produire que de légers accidents et se terminer d'une manière heureuse. C'est encore ainsi que des blessures faites par un instrument tranchant, agissant plus ou moins horizontalement pour détacher une plaque de la calotte crânienne, sont souvent guéries très-rapidement, même après avoir enlevé une petite partie de la surface du cerveau.

Je crois, à cette occasion, devoir citer ici l'histoire des blessés du combat de Landrecies, combat dans lequel, d'après une mesure prise par la Convention de ne pas faire de prisonniers, on se battit avec un acharnement incroyable. Presque toutes les blessures furent faites à l'arme blanche, et vingt-deux soldats eurent, à la tête, une plaie, souvent plus grande que la paume de la main, avec perte des téguments, des os, des méninges et d'une lamelle plus ou moins épaisse du cerveau. Tous ces blessés firent, sans pansement, trente lieues à pied, presque sans s'apercevoir de leur blessure. Ce ne fut qu'au dix-septième jour que les douze plus largement blessés commencèrent à dépérir et on les vit s'éteindre peu à peu. Les dix autres, dont la blessure présentait en surface environ la moitié de la paume de la main, n'éprouvèrent aucun accident et guérirent très-bien.

On pourrait m'objecter, non sans raison, que les hommes de l'époque néolithique n'avaient pas d'armes comparables aux sabres Cobourg qui avaient blessé les soldats de la République. Mais cette objection n'a pas toute la valeur qu'on pourrait être tenté de lui attribuer *a priori*. En effet, s'il est malheureusement trop certain que les fractures du crâne par instruments contondants s'accompagnent souvent des lésions du cerveau que j'ai mentionnées et d'accidents mortels, il est tout aussi certain qu'un corps contondant, mû avec une grande force, de petit volume, irrégulier, aigu, anguleux, tranchant, et, en un mot, tel que devaient être les armes de l'époque néolithique, pourra produire une fracture plus ou moins arrondie et borner son action sur le point soumis à la percussion. Dans ce cas, le blessé aura beaucoup de chances de guérir sans graves accidents.

Mais, parmi les accidents qui pourront survenir, il en est certains qui sont d'ailleurs les plus fréquents, sur lesquels je crois devoir insister d'une façon toute spéciale, parce qu'ils me paraissent de la plus haute importance dans la question que j'étudie : ce sont le délire, les convulsions épileptiformes, l'épilepsie traumatique, qui guériront souvent par l'extraction des esquilles, comme chez un blessé que j'ai soigné, dont je raconterai l'histoire dans un instant, et dont on juge, aujourd'hui même, au moment même où je parle, la cause devant le tribunal civil de Marvéjols.

J'ajoute, — tous ces cas se retrouvant dans mes crânes, — j'ajoute, dis-je, que les blessures directes du crâne peuvent se borner à la table externe avec attrition plus ou moins considérable du diploé ; intéresser toute l'épaisseur de l'os, la lésion extérieure restant aussi grande ou plus grande que l'interne ; enfin, détacher, sur la table interne, dont la fragilité égale la dureté, des écailles plus grandes que l'ouverture faite à la table externe. Dans ce dernier cas, le fragment éclaté ne pourra pas sortir par l'ouverture extérieure.

Je demande pardon aux chirurgiens présents à cette séance, et dont plusieurs sont la gloire de la chirurgie française, à M. le professeur Broca et à M. le docteur Ollier (de Lyon), qui connaissent mieux que personne tout ce qui touche à la pathologie des os, de parler devant eux des blessures du crâne ; mais j'ai cru utile d'entrer dans les détails qui précèdent, afin d'être mieux compris de ceux de mes auditeurs qui sont étrangers au corps médical.

Ces notions générales sommairement rappelées, je puis aborder immédiatement la discussion de la première hypothèse, de l'hypothèse d'après laquelle les lésions cicatrisées que vous venez de voir auraient été produites par des blessures accidentelles guéries.

Voici, Messieurs, un petit nombre de faits, tous observés sur des crânes recueillis dans mes fouilles, qui me paraissent apporter, en faveur de cette hypothèse, des arguments dont il est nécessaire de tenir grand compte.

1° Vous avez déjà vu les crânes n° 8 de la caverne de l'Homme-Mort et n° 18 de ma série des dolmens, qui présentent des pertes de substance arrondies, non pénétrantes et recouvertes d'une lame de tissu compacte comme s'il s'agissait d'une simple blessure accidentelle. Il faut évidemment avouer que si ces deux lésions cicatrisées ont été produites par une opération méthodique, on s'est arrêté à moitié chemin, et, dans tous les cas, avant d'arriver dans la cavité crânienne.

2° Le crâne n° 10 de ma première série des dolmens déposée au laboratoire de l'École des hautes études, présente, sur la bosse frontale gauche, une fracture régulière guérie. Extérieurement, le fragment *de forme ronde* est un peu plus petit qu'une pièce de 5 francs; mais à l'intérieur, ce fragment a une étendue bien plus considérable. C'est ainsi que sur la face vitrée, le bord du fragment est de 2 centimètres plus rapproché de la ligne médiane que le bord correspondant externe. Il est évident qu'un pareil fragment ne pouvait pas sortir par l'ouverture extérieure et devait rester forcément dans la cavité crânienne : c'est ce qui est arrivé. Il s'est consolidé sur place, en laissant une légère dépression extérieure, tandis qu'à l'intérieur la fosse coronale est effacée par le relief du fragment abaissé et considérablement épaissi. Le fragment consolidé a aujourd'hui 10 millimètres d'épaisseur, tandis que la partie correspondante, sur la bosse coronale droite, n'est épaisse que de 5 millimètres. La partie de l'os qui borde le fragment présente de même une augmentation d'épaisseur qui va en diminuant d'une manière insensible jusqu'aux parties que l'ostéite n'a point envahies. Sans cette disposition toute particulière du fragment actuel, n'aurions-nous pas là une perforation de plus, cicatrisée, arrondie, et très-remarquable ?

3° Un autre crâne, resté dans mes collections de Marvéjols parce qu'il n'a été extrait d'un dolmen que depuis quelques jours, et qu'il n'aurait pu supporter le transport, présente, au vertex, une perforation cicatrisée avec bords minces, tranchants, éburnés, identiques à ceux observés dans les pièces placées sous vos yeux. Mais ici, la perforation n'est point arrondie ou ovale ; ce n'est qu'une simple fente longue de 30 millimètres et large de 5 seulement au milieu. Ne dirait-on pas une blessure produite par le tranchant d'une petite hache polie ?

Aux trois pièces précédentes, cicatrisées, je pourrais joindre les suivantes qui militent dans le même sens, mais qui, avec des bords éclatés, ne présentent aucun vestige de travail réparateur.

1° Une large et épaisse calotte crânienne montre, en arrière, sur la suture sagittale, une perforation arrondie, large d'environ 2 centimètres à l'extérieur, où les bords de la perforation sont très-nets, cassés à angle vif, mais beaucoup plus large à l'intérieur, des écailles s'étant détachées de la lame vitrée sur tout le pourtour de la perforation. Le sujet a dû succomber sous le coup : il n'y a aucune trace d'inflammation.

2° Une petite perforation, se présentant dans les mêmes conditions que la précédente, se voit sur le crâne d'un vieillard dont le squelette entier a été trouvé seul, assis au centre d'un monument appelé « le Clapas des fées », objet de superstitieuses terreurs parmi les habitants des environs.

3° Une troisième pièce est bien plus remarquable encore que les précédentes. Il s'agit d'un magnifique crâne des dolmens, très-solide, très-épais et entier avec sa face. Ce crâne présente, sur le pariétal droit, une perte de substance longue de 11 centimètres sur 6 centimètres de largeur maximum (fig. 8).

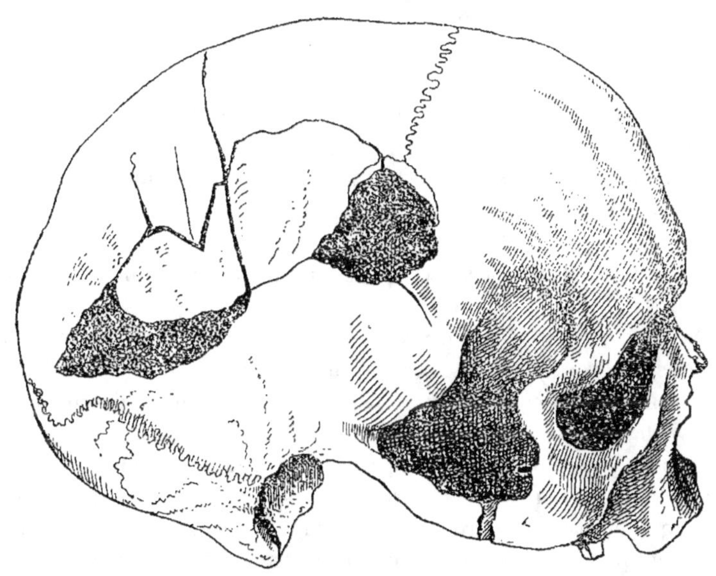

Fig. 8.

Le crâne était plein de terre, et en le vidant, j'ai trouvé à l'intérieur deux fragments appartenant à l'ouverture qu'il présente. Ces deux fragments présentent ceci de remarquable que, comme dans la fracture guéric du crâne des dolmens n° 10, dont j'ai parlé, leur face externe est plus petite que l'interne, et que le coup qui les a produits les a enfoncés dans la cavité crânienne, d'où ils n'ont pu sortir. Sur les deux fragments, la table externe présente une cassure nette, à bords arrondis, que déborde la lame interne écaillée sur une largeur allant jusqu'à 14 millimètres (fig. 9).

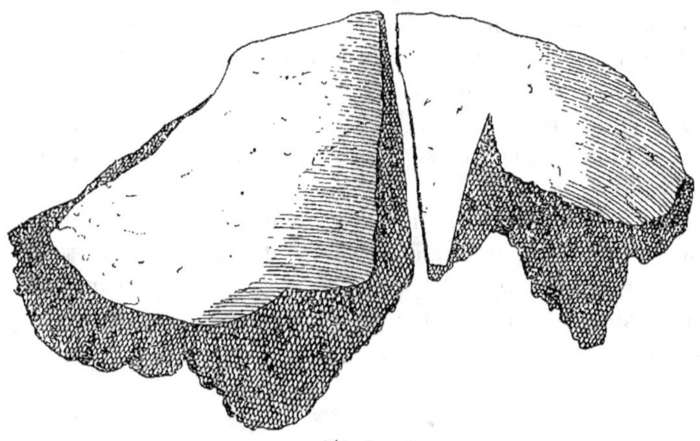

Fig. 9

Les crânes qui ont séjourné un certain temps dans la terre ne se cassent jamais ainsi. La forme de ces bords prouve surabondamment, à mes yeux du moins, qu'une pareille fracture a eu lieu à une époque où le crâne était plein de vie organique, c'est-à-dire, ou peu de temps après la mort, ce qui ne s'expliquerait pas, ou immédiatement avant la mort, ce qui est infiniment probable, pour ne pas dire certain.

De plus, en regardant de près les bords de cette perforation caractéristique, on voit quatre fissures rayonnant autour de l'ouverture, et une de ces fissures se continue avec la ligne de séparation des deux fragments (fig. 8).

Mais il y a plus : si on rapproche les deux fragments, recueillis à l'intérieur, des bords de la perte de substance, on voit qu'ils ne ferment qu'une partie du trou, et qu'il manque, pour l'obturer complétement au moins un fragment antérieur et un fragment postérieur. Que sont devenues ces deux pièces? Elles auront pu tomber dans le dolmen, pendant le cours des enterrements successifs; mais un crâne si entier, avec sa face intacte, ne semble pas avoir subi de grands déplacements; dès lors ne pourrait-on pas se demander aussi, après ce que nous savons de mon premier occipital et des rondelles crâniennes, si ces fragments n'auraient pas été recueillis avant l'inhumation, pour être gardés comme tant d'autres pièces de cette espèce.

J'enverrai tous les derniers crânes que je viens de décrire au laboratoire de l'École des hautes études et à la Société d'anthropologie.

Aux faits ci-dessus, qui me paraissent tous en faveur de l'hypothèse que les perforations cicatrisées, que j'ai décrites, seraient dues à des blessures guéries, on pourrait peut-être encore joindre les considérations suivantes : 1° on sait déjà que les perforations, dont la grandeur moyenne est à peu près celle d'une pièce de cinq francs, ne sont quelquefois pas plus grandes qu'une pièce de deux francs, et atteignent, dans certains cas, un diamètre de huit centimètres ; j'en ai décrit une qui n'est qu'une étroite fissure ; 2° ces perforations s'observent sur toutes les parties de la voûte crânienne, au front, sur les pariétaux, l'occipital, les temporaux, en un mot sur tous les points du crâne où un corps contondant peut produire des fractures directes.

Ces deux dernières considérations me paraissent d'ailleurs importantes à un autre point de vue, au point de vue de l'hypothèse dont je vais maintenant parler, et d'après laquelle les perforations crâniennes qui nous occupent seraient dues à une opération méthodique faite sur le vivant. En effet, en voyant ce siége et ces dimensions variables, il me paraît qu'il ne saurait être question de penser à une initiation religieuse quelconque, analogue à la circoncision par exemple, qui aurait des formes, des dimensions et un siége fixe et sacré comme tout ce qui appartient au dogme. Tout au plus peut-on penser à un principe du mal idéal ou réel, auquel on aurait voulu, suivant son siége supposé, ouvrir une porte de sortie plus ou moins large, ce qui serait en rapport avec les idées que nos pères eux-mêmes ont eues, jusqu'à des temps fort rapprochés de nous, sur beaucoup de fous, sur les idiots et les illuminés, regardés, par tant de peuples et pendant tant de siècles, comme possédés des dieux ou des démons.

On voit que l'hypothèse de blessures directes du crâne pourrait très-bien expliquer successivement chacune des perforations cicatrisées que j'ai décrites, et il n'y eût pas eu lieu d'en chercher d'autres si je n'eusse recueilli qu'un petit nombre de crânes cicatrisés. Mais les doutes ont dû commencer à se faire jour quand on a vu combien étaient nombreux ces sortes de crânes. En quatre ou cinq ans (depuis 1868, j'ai dû interrompre pendant plus de deux ans mes fouilles des dolmens pour explorer les bas-fonds du lac Saint-Andéol), — en quatre ou cinq ans au plus, j'ai pu recueillir plus de vingt-cinq crânes ou fragments de crânes représentant un pareil nombre de sujets ayant eu de ces sortes de perforations. Je doute que j'eusse pu seul avec mes fouilleurs en trouver autant dans tous les cimetières de Paris. Je sais bien qu'à l'époque néolithique, les guerres devaient être surtout des luttes corps à corps, et qu'en pareil cas, lorsque l'homme n'est guère armé que de bâtons ou de pierres c'est surtout à la tête que les adversaires cherchent à se frapper. J'en vois très-fréquemment la preuve chez les habitants de l'Aubrac, célèbres par leurs rixes, qui portent, dans la région et même dans les départements voisins, le nom de « Justice de la Guiole », du nom d'une petite ville des environs. Chez ces montagnards, les coups sont presque toujours portés et reçus sur le crâne. La femme de Cro-Magnon porte une grande blessure à la tête. Mais on ne saurait évidemment admettre, quelque robustes que fussent les races néolithiques, que les fractures du crâne fussent à tel point chez elles moins graves qu'aujourd'hui, pour que la guérison fût presque toujours la règle. Rappelons-nous d'ailleurs que la caverne de l'Homme-Mort a donné, sur dix-neuf crânes entiers, trois perforations remarquables.

Les doutes ont dû augmenter en voyant ces perforations cicatrisées au moins aussi nombreuses que sur les crânes masculins, sur les crâ es des femmes, qui ne vont guère à la guerre, même chez les nations sauvages : vous savez que, sur les trois crânes perforés de la caverne de l'Homme-Mort, deux sont des crânes féminins.

De plus, j'ai fait passer sous vos yeux un fragment de crâne d'enfant âgé d'environ quatre ou cinq ans; et cet os porte d'un côté le bord d'une grande perforation cicatrisée. Vous savez d'ailleurs que M. le professeur Broca, dont personne ne contestera la haute compétence, a pu regarder la plupart des perforations découvertes jusqu'à ce jour comme remontant à l'enfance, tant leurs bords sont éburnés, compacts, sans trace d'ostéite, de vascularisation pathologique, etc. Des vestiges d'ostéite n'ont été observés que sur le crâne numéro 5 de l'Homme-Mort, et ce cas est encore unique, peut-être même douteux.

Notons aussi la forme régulière, presque toujours arrondie ou ovale, des perforations; l'absence, sur leurs bords, de bourrelets, ou de saillies anguleuses suite d'esquilles adhérentes ou de fragments aigus émoussés par le travail de cicatrisation, et l'absence de fêlures, de fractures rayonnantes autour de la perte de substance.

La régularité de ces perforations est généralement si parfaite qu'une première fois, M. Broca a pu attribuer la lésion du crâne numéro 5 de l'Homme-Mort à un coup de hache polie porté obliquement, qui aurait agi sur le crâne, comme les sabres Cobourg sur les blessés de Landrecies. Mais il est bien évident qu'aucune arme tranchante n'aurait pu enlever un pareil fragment sur la région temporale droite, à deux centimètres du trou auditif, de la femme numéro 19 de la même caverne, et cependant la partie cicatrisée qui nous reste de cette perforation, dont le bord antérieur a subi des mutilations posthumes, est aussi régulière et aussi arrondie que la précédente.

Ces considérations diverses ont dû faire penser à une opération méthodique faite sur les crânes de leurs semblables, par les hommes de l'époque néolithique. Cette idée, que M. Broca a déjà développée devant la Société d'anthropologie, devait peut-être d'autant plus facilement s'imposer à l'esprit qu'au début de mes trouvailles du moins, on pouvait se demander si les lésions que nous n'appelons *posthumes* que par induction seulement et sans preuves d'aucune sorte, n'auraient pas été faites avant la mort et n'en auraient pas été la cause immédiate.

Nous savons bien qu'il est posé en principe par tous les chirurgiens que, comme lésion osseuse, la perforation des os du crâne, le trépan, ne présente que peu de gravité.

On ne saurait toutefois se dissimuler qu'une telle hypothèse ne doive, au premier moment, exciter la même surprise, les mêmes doutes, peut-être même la même incrédulité qu'ont rencontrées mes premières communications sur les os humains travaillés par l'homme à l'époque néolithique. Cependant, en y réfléchissant de près, on s'aperçoit vite que non-seulement une telle hypothèse n'a rien d'absolument impossible, mais qu'elle est même assez en rapport avec ce qu'on sait de l'antiquité de la trépanation, et aussi des mœurs des sauvages modernes.

Je viens de prononcer le mot de *sauvages* à l'occasion de nos ancêtres, ou de nos prédécesseurs sur le sol de la France à l'époque néolithique. Je crois qu'il y a ici une importante distinction à établir. L'époque qui a reçu le nom de *néolithique* a été probablement très-longue ; elle touche d'un côté à l'époque de la pierre taillée et de l'autre à l'âge des métaux. En Lozère, la caverne de l'Homme-Mort est dans le premier cas ; nos dolmens sont dans le deuxième. Mais la caverne de l'Homme-Mort n'a donné que des crânes extrêmement dolichocéphales, les représentants de la race de Cro-Magnon. Les dolmens Lozériens au contraire renferment, avec des représentants nombreux, qui y sont même en grande majorité, de cette antique race, les restes d'une race nouvelle très-brachycéphale, dont j'ai envoyé un squelette entier et plusieurs crânes au laboratoire de l'École des hautes études. A la caverne de l'Homme-Mort, il n'a pas été trouvé de bronze, ni d'autres grains de collier qu'un unique fragment de stalactite percé d'un trou et quelques dents percées ; dans les dolmens Lozériens au contraire, il y a des objets en bronze, lances et pointes de flèches, bracelets, bagues, boutons, etc., etc., dont j'ai recueilli plus de cent échantillons ; des pierres à écraser le grain, des poteries variées ; enfin des quantités considérables de grains de colliers admirablement travaillés, en jais, cardium, pierre dure, ambre, verre émaillé, etc. (1).

Les hommes de nos dolmens ont donc été en contact, ou en rapport, avec une civilisation très-avancée, et on comprendra facilement que je me sois demandé, comme je le disais précédemment, si ce ne sont pas ces nouveaux venus brachycéphales que j'ai vus, à un moment donné, se mêler aux dolichocéphales autochthones, qui auraient importé sur nos causses ces produits d'une grande civilisation (2).

Quoi qu'il en soit, vous savez que mes premières perforations crâniennes ont été découvertes sur trois crânes de la caverne de l'Homme-Mort, dont la population, qui n'a pas connu la civilisation dont je viens de parler, pourrait bien avoir été plus ou moins sauvage. Il faudrait donc admettre que ce serait dans ces natures primitives qu'aurait germé et se serait développée l'idée des opérations que j'étudie. Mais cette hypothèse ne doit point nous étonner quand nous voyons qu'elle a bien pu naître et être mise à exécution chez d'autres peuplades bien plus sauvages certainement et bien moins intelligentes que la race de l'Homme-Mort, dont M. le professeur Broca a constaté, et non sans surprise, les hautes facultés intellectuelles.

Nous savons, en effet, par les récits des voyageurs, que beaucoup de peuplades sauvages pratiquent aujourd'hui encore et journellement, sou-

(1) J'ai présenté plusieurs de ces colliers au Congrès de Bordeaux, où ils produisirent une certaine sensation ; mais l'attention des archéologues se fixa particulièrement sur de très-nombreuses perles, en verre bleu souvent émaillé de petits cercles blancs, recueillies par moi dans divers mégalithes Lozériens, et notamment dans ce dolmen du causse de Chanac, qui me donna l'occipital dont j'ai parlé au commencement de cette communication.

Depuis cette époque, j'ai trouvé, dans un mégalithe, une nouvelle perle en émail différente des précédentes. Cette perle, grosse comme une plume de corbeau, fusiforme, allongée, mais malheureusement incomplète, est de couleur verdâtre ou plutôt d'un bleu tirant sur le vert à l'extérieur.

J'avais dit à Bordeaux que ces grains en verre me paraissaient d'origine étrangère, et que je n'étais pas éloigné de penser qu'ils avaient bien pu être importés dans nos montagnes par le commerce des Phéniciens, les plus célèbres navigateurs de l'antiquité.

Les Phéniciens sont regardés comme les inventeurs du verre, dont ils auraient gardé longtemps le secret, et dont ils avaient des fabriques célèbres à Tyr et à Sidon.

On sait d'ailleurs, par les textes égyptiens, que le commerce phénicien fournissait à l'Egypte, dès le XVIIe siècle avant notre ère, du lapis, de l'or, des vases, etc., et des *colliers* (Chabas, *Études*, etc.)

Notons encore les antiques relations non-seulement des Phéniciens, mais des Égyptiens eux-mêmes avec les peuples du littoral de la Méditerranée, et l'invasion de l'Égypte, dès le XIVe siècle avant notre ère, par les Libyens confédérés avec les Étrusques, les Sardiniens, les Sicules, les Grecs.

Depuis le congrès de Bordeaux, j'ai eu l'occasion d'aller étudier au Louvre les colliers laissés par les plus anciennes civilisations, et j'ai retrouvé des colliers en verre bleu émaillé de blanc si semblables aux miens qu'on ne saurai', après mélange, les distinguer les uns des autres, dans le musée Egyptien (salle civile R, vitrine centrale). Il y a encore là des colliers en petites perles noires très-semblables à celles qu'on trouve si nombreuses dans nos dolmens. La ressemblance s'étend jusqu'aux grains d'ambre.

On voit d'ailleurs quelques grains de collier, en verre bleu émaillé de cercles blancs ou jaunes, dans le musée de l'île de Chypre et au musée Campana ; toutefois, mes diverses variétés de ces sortes de perles n'ont pas là leurs analogues comme au musée Egyptien.

Enfin, je n'ai trouvé de perles fines et longues, identiques à ma dernière trouvaille, que dans ce dernier musée (même salle et même vitrine).

(2) D'où sont venus ces brachycéphales ? On comprend que je n'ai pas la prétention, dans l'état

vent même pour des mobiles insignifiants, cette opération devant laquelle hésitent nos plus illustres chirurgiens.

Permettez-moi de citer, à cette occasion, un article curieux de la *Gazette hebdomadaire de médecine et de chirurgie* (nᵒ du 16 avril 1874):

« Étrange thérapeutique!

» Les applications de moxas qui ont été faites à M. Summer, le séna-» teur des États-Unis, quelques jours avant sa mort, ont fourni à un » rédacteur du *Medical Times* l'occasion de signaler un traitement chi-» rurgical qui est appliqué dans quelques îles de la mer du Sud.

« Les sages de ces îles se sont imaginé que les maux de tête, les » névralgies, les vertiges et autres affections analogues proviennent d'une » fente du crâne, ou de la pression du crâne par la cervelle. Le remède » qu'ils ont inventé consiste à faire dans le cuir chevelu une incision en » forme de T, et à racler le crâne lui-même, avec un morceau de verre » cassé, jusqu'à ce que la dure-mère soit atteinte et qu'un trou grand » comme une pièce de deux francs soit ouvert.

» ..... Un remède analogue est employé contre les rhumatismes. L'os » qu'on suppose affecté est mis à découvert et gratté jusqu'à ce qu'une » portion extérieure soit enlevée. »

D'après M. Larrey, cité par M. Broca, certaines tribus kabyles pratiquent la trépanation et y ont même assez souvent recours pour des maladies relativement peu graves. Pourrait-on rapprocher ce dernier fait de cette observation de M. Broca, que les Berbères du nord de l'Afrique ont les plus intimes rapports non-seulement par l'ensemble de leurs traits, mais encore par leurs divers caractères crâniométriques avec les crânes de la caverne de l'Homme-Mort?

M. Broca a présenté, il y a quelques années, à la Société d'anthropologie un crâne remarquable, extrait par M. Squier d'un ancien tombeau du Pérou. Sur cette pièce existe une ouverture carrée pratiquée peu de jours avant la mort. Le morceau manquant avait été détaché par quatre traits de scie, dont on aperçoit encore les huit extrémités tout autour de la perte de substance.

A tous ces faits je pourrais peut-être joindre la pratique suivante, répandue parmi les paysans les plus arriérés des montagnes Lozériennes et des communes limitrophes des départements du Cantal et de la Haute-Loire. Pour guérir les moutons du tournis, on leur fait une perforation à la tête. L'opérateur improvisé, assis sur une chaise et plus souvent sur une pierre, tient la tête du mouton entre ses genoux comme dans

actuel de la science, de chercher à répondre à une pareille question; je crois toutefois devoir rappeler ici, ce que je disais dans mon mémoire sur *les constructions et stratifications lacustres du lac Saint-Andéol,* non-seulement sur les noms de *Lébous* et de *Carnac,* mais encore sur ceux de *Gabalum, Gabala* et sur celui de *Mimas,* qu'on trouve en Lozère et en Orient. (*Mém. de la Soc. d'anthrop. de Paris,* t. III, p. 380.)

un étau et perfore par raclement, en faisant tourner dans la main le manche d'un couteau à lame fixe, le crâne de l'animal, jusqu'à ce que l'instrument soit parvenu dans la cavité crânienne.

Une pareille pratique se serait-elle transmise par tradition chez nos bergers et remonterait-elle aux époques préhistoriques? Quoi qu'il en soit, la trépanation est très-ancienne. Hippocrate, le premier auteur qui ait écrit sur la trépanation, en parle comme d'une opération très-connue, et dont l'origine se perd dans la nuit des temps. D'ailleurs, le nom de *trépanation*, qu'il lui donne, indique qu'elle se pratiquait à l'aide d'un instrument tournant, soit que cet instrument fût plus ou moins analogue à nos couronnes de trépan, soit qu'on procédât comme les bergers des montagnes Lozériennes.

On voit donc que l'hypothèse de perforations artificielles, d'une opération faite sur le vivant, pour expliquer mes perforations crâniennes, peut être à son tour étayée de nombreux arguments qui ne manquent pas de valeur, et qui expliquent tous les faits.

Mais dans quel but aurait-on trépané? par quels procédés aurait-on pu pénétrer dans le crâne avec des scies ou des racloirs en silex? enfin et surtout comment serait née l'idée d'une telle opération chez les hommes de l'époque néolithique?

La question du *modus agendi* n'a peut-être qu'une importance très-secondaire après ce que je viens de dire sur le procédé employé pour trépaner les moutons, et avec la connaissance que nous avons de la façon d'agir des sauvages de la mer du Sud : un grattoir de silex valait bien, pour pénétrer dans le crâne par raclement, un éclat de verre.

Tout l'inconnu de ma deuxième hypothèse se réduit donc maintenant à la réponse à donner aux autres deux questions que je viens de poser : Comment serait née l'idée d'une pareille opération, et pourquoi aurait-on trépané? Cette réponse me paraît d'une importance capitale. Je vous demanderai dès lors la permission de lui donner tous les développements qu'elle comporte. Cela me permettra d'expliquer en même temps une assertion que j'ai émise précédemment sur les traits d'union, j'allais dire sur l'origine commune, que je crois entrevoir entre les deux hypothèses que j'ai exposées comme causes possibles de mes perforations.

Je me baserai d'abord sur des faits d'observation, comme tous les praticiens peuvent en rencontrer; et je commencerai, en lui donnant quelques développements, par l'histoire, que j'ai promis précédemment de raconter, d'un blessé que j'ai soigné et dont on juge aujourd'hui même, à l'instant même où je parle à Lille, la cause devant le tribunal civil de Marvéjols. Le procès correctionnel a eu une solution il y a déjà quelques mois.

Permettez-moi de faire observer préalablement que la blessure du crâne qui fait le sujet de cette observation doit avoir dans ses causes, dans sa forme, dans le traitement suivi longtemps, dans ses symptômes et dans ses suites, les plus intimes rapports avec la plupart des fractures crâniennes, par cause directe, de l'époque néolithique.

Dans les derniers jours de décembre 1870, un jeune homme de Pailhers, village situé à quatre kilomètres de Marvéjols, était attendu la nuit, par une obscurité profonde, dans un chemin creux qu'il devait suivre pour rentrer chez lui, par un ennemi vigoureux, armé seulement d'une pierre aiguë qu'il serrait dans la main.

Au moment où sa victime passe sans méfiance à sa portée, l'agresseur lui assène sur la tête un violent coup de poing, ou plutôt de la pierre qu'il tient à la main. Puis il prend la fuite, mais il a été reconnu. Le blessé, renversé sous le coup, se relève aussitôt, et, sentant son sang couler sur la figure, se rend immédiatement à Marvéjols sans même rentrer chez lui, et va déposer une plainte devant l'autorité. Il revient ensuite à Pailhers dans le courant de la même nuit, malgré la neige, la tempête et sa blessure.

Le lendemain, il se croit si peu blessé qu'il consent, sur le conseil d'amis communs, à se contenter d'une modique indemnité de 70 francs, que son agresseur devra lui payer. Il n'est donné aucune suite à sa plainte devant le procureur de la République.

Cependant, les jours suivants, quelques souffrances sont ressenties, mais assez peu vives probablement, puisqu'un médecin, appelé à visiter le blessé, ne croit à rien de sérieux et se contente de prescrire une médication insignifiante sans s'occuper de la blessure.

Mais peu à peu, dès la semaine suivante, des accidents nouveaux éclatent ; le blessé s'alite, se paralyse, est pris de délire, etc. Deux femmes, sa vieille mère et son épouse, qui appartient à la famille de l'agresseur, le soignent à leur guise dans une vieille chaumière, qui n'est certainement guère plus confortable que beaucoup d'habitations troglodytiques de l'époque préhistorique. Aucun médecin n'est appelé.

Dès le mois d'avril des crises épileptiformes, des accès convulsifs apparaissent, ou deviennent si effrayants et si rapprochés, que je suis appelé.

A mon examen, le 24 avril, je découvre, au milieu d'une chevelure inculte, longue et épaisse, quelques croûtes ignorées par le blessé et par ses gardes-malades ; j'ouvre un abcès dont des croûtes desséchées fermaient peut-être le pertuis fistuleux, et je constate une fracture du crâne. Le choc de la pierre avait détaché plusieurs écailles de la table interne, et réduit la partie frappée en parcelles dont plusieurs très-ténues que j'ai conservées, et dont certaines, qui représentent toute l'épaisseur du crâne, ont été, avant mon départ pour Lille, confiées à l'avocat du blessé, demandant actuellement une indemnité un peu plus importante à son ancien agresseur.

Dès ce moment, les crises épileptiformes, les attaques d'épilepsie, qui s'étaient montrées deux fois depuis mon arrivée auprès du malade, disparurent comme par enchantement pour ne plus revenir. Le subdélirium cessa aussi ; et quelques jours après, ce malheureux, que j'avais trouvé paralysé, contracturé, épileptique et pourrissant littéralement sur son grabat, venait me voir à pied à Marvéjols.

Qu'un fait de cette espèce, — et des blessures pareilles ne devaient pas être rares à l'époque préhistorique, — se soit présenté à l'observation des hommes de ces temps reculés, et de là à procéder dans la suite de la même manière, à enlever les esquilles et les fragments crâniens d'abord dans le délire et l'épilepsie traumatiques, puis, par extension, dans les cas d'épilepsie essentielle ou de folie spontanée, il n'y avait peut-être qu'un pas facile à franchir pour des esprits observateurs, comme le sont tous les peuples sauvages. Nous savons d'ailleurs combien étaient déjà observateurs les dolichocéphales de Cro-Magnon, de la vallée de la Vézère, les ancêtres des dolichocéphales de l'Homme-Mort : il n'y a qu'à voir, pour s'en convaincre, les admirables sculptures qu'ils ont tant de fois gravées sur le bois de renne et jusque sur l'ivoire du mammouth.

Du reste, ne serait-ce pas ainsi que l'usage du trépan, si fréquent autrefois dans les blessures du crâne, se serait imposé à nos devanciers? On sait, sans remonter plus haut, que des chirurgiens de la valeur de J.-L. Petit, de Quesnoy, de Pott, etc., ont recommandé de traiter les fractures *simples* du crâne par l'application *préventive* du trépan, sans attendre les accidents. A la fin du dernier siècle, c'était un principe généralement incontesté que toute fracture du crâne réclame l'emploi du trépan sur le point où elle siége ; et ce principe fut admis par l'Académie jusqu'au moment où Desault et Bichat tentèrent de le renverser.

Mon opéré de Pailhers porte aujourd'hui une perforation ovale et cicatrisée du crâne. Le cuir chevelu s'est déprimé au niveau de l'ancienne fracture, et forme un godet dans lequel on loge la pulpe du doigt. Son crâne, qui figurerait très-bien au musée Dupuytren, reposera probablement longtemps dans le cimetière de sa paroisse. Mais, si jamais quelque chirurgien de l'avenir venait à le recueillir, la perforation qu'on pourrait constater sur son pariétal droit ne différerait probablement pas sensiblement de la plupart de celles que je viens de décrire.

J'ai encore, dans ma clientèle, à Marvéjols, un enfant qui porte une large ouverture crânienne dont les suites ont été bien plus simples. Il y a quatre ans, un petit garçon de six ans, nommé Georges X..., tombe à la renverse, du haut d'un balcon de 2 mètres d'élévation, sur le pavé de la rue. On le relève simplement étourdi et on le porte au lit. Il ne survient ni délire, ni convulsions, ni paralysie. Dès le lendemain, l'enfant mange, mais il a des envies de vomir. Tout était rentré dans l'ordre en trois ou quatre jours. On me conduit alors cet enfant, et je constate une grande ouverture crânienne intéressant la partie gauche de l'occipital. J'ai revu l'enfant il y a huit jours à peine ; sa perforation, large de 0^m,025 au milieu, et longue de 0^m,07, est le siége de pulsations isochrones à celles du pouls, et on les voit, à distance, soulever les cheveux. L'enfant est intelligent et se porte très-bien. Il n'y a jamais eu la moindre crise épileptiforme.

Mon blessé de Pailhers, à crâne perforé, ainsi que ses gardes-malades, n'hésite pas à déclarer que les nombreux os que j'ai extraits de sa blessure lui avaient donné le *mal caduc* et causé des convulsions hideuses. On m'a laissé prendre ces os, mais non sans quelque regret peut-être, car nos superstitieux campagnards sont toujours persuadés que les médecins recueillent divers produits humains, et spécialement la graisse des morts, que nous exhumerions mystérieusement pendant la nuit, pour préparer des drogues composées. Je ne pense pas, toutefois, que leur imagination soit allée jusqu'à leur inspirer la pensée que des fragments osseux qui donnaient l'épilepsie, que les *os du crâne d'un jeune homme mort violemment*, pouvaient être utiles contre cette triste maladie ; mais une pareille idée s'est longtemps imposée à des esprits autrement intelligents et instruits que mes ignorantes et superstitieuses femmes de Pailhers. Il ne faut même pas remonter plus loin que le dernier siècle pour voir la poudre du crâne humain administrée doctrinalement contre l'épilepsie. C'est un fait connu de tous les médecins ; mais, ce qu'on ne sait pas généralement, et que j'ai été, pour ma part, très-heureux de voir spécifié, dans divers auteurs anciens, et jusque dans ceux du xviiie siècle, c'est que pour être salutaire, la poudre de crâne humain devait être préparée avec *la boîte crânienne d'un jeune homme mort de mort violente.*

Certaines formules sont plus exigeantes encore, et demandent que le jeune homme, mort de mort violente, *n'ait jamais été inhumé.*

Permettez-moi de citer, à l'appui de ces assertions, le passage suivant d'un grand ouvrage, approuvé de toutes les autorités scientifiques du temps, et dédié à Messire Guy Fagon, médecin ordinaire de Sa Majesté le grand roi Louis XIV.

« Le crâne humain, *cranium humanum,* est une boîte osseuse, etc. » Il est employé en médecine.

» On doit choisir celuy *d'un jeune homme d'un bon tempéramment, qui » soit mort de mort violente, et qui n'ait point été inhumé.* Il faut se con-

» tenter de le râper et de le mettre en poudre sans le calciner, comme
» le vouloient les anciens; parce que dans la calcination l'on en fait
» dissiper le sel volatil en qui consiste sa principale vertu.

» Il est propre pour l'épilepsie, pour l'apoplexie, et pour les autres
» maladies du cerveau, il résiste au venin, etc. » (*Traité universel des
drogues simples, etc.*, par Nicolas l'Emery, docteur en médecine. Paris,
Laurent d'Houry, MDCXCIX.)

Le traité de pharmacie du même auteur contient un grand nombre
de formules contre l'épilepsie. Le crâne humain, choisi dans les conditions que je viens de spécifier, figure dans toutes ces formules. Je me
contenterai de mentionner les suivantes :

1° *Pulvis antiepilepticus D. Daquin.*

Pr. — Radices pæoniæ maris, ineunte vere et decrescente luna collectæ,
         Visci quercini.
       Rasuræ cranii hominis *morte violenta perempti,* etc.

Cette poudre « est propre contre l'épilepsie et contre les autres mala—
» dies du cerveau ».

2° Voici une deuxième formule du même auteur intitulée *Pulvis antiepilepticus insignis :*

Pr. — Cranii hominis morte violenta perempti rasi.
       Hepatum viperarum cum cordibus.
       Visci quercini, etc.

3° La poudre de Guttete, vulgo *de Gutteta,* contre l'épilepsie des
enfants, varie un peu des précédentes ; elle demande que le sujet qui
fournit la poudre de crâne humain n'ait jamais été inhumé.

Pr. — Radice pæoniæ maris.
       Visci quercini.
       Cranii humani *nusquam inhumati.*

On pourrait multiplier ces formules extrêmement nombreuses dans
les auteurs anciens. Je me contenterai de faire observer que les traités
de l'Emery portent l'approbation : 1° de « Messire Guy-Crescent Fagon,
» conseiller du Roy, etc., et premier médecin de Sa Majesté » ; 2° de
Messieurs les maistres et gardes apothicaires de Paris ; 3° de Messieurs
les doyen et docteurs régents de la Faculté de médecine de Paris, qui
déclarent que « M. Lemery... a débarrassé toutes les compositions que
» ce livre contient, de ce qui pouvait s'y rencontrer d'inutile, et les a
» augmentées de médicaments capables d'augmenter considérablement
» leurs vertus, etc. » Et ont signé : Boudin, *doyen,* Cressé, de Saintyon,
de Belestre et de la Carlière.

La vue des formules ci-dessus, la connaissance des propriétés qu'on
attribuait au crâne humain et surtout celle des circonstances dans les-

quelles il devait être recueilli pour produire ses effets, me permet maintenant d'aborder la question des rondelles crâniennes.

Et d'abord il est *historiquement* prouvé que beaucoup de remèdes modernes remontent aux époques les plus reculées. Pour n'en citer qu'un exemple, je rappellerai ce fait qu'on se sert toujours, dans nos campagnes, de la boule de Nancy, appelée vulgairement *boule d'acier*, délayée dans *de l'eau de rivière*, pour laver les contusions et les brûlures. Or, M. Chabas cite, dans ses *Études sur l'antiquité égyptienne*, une préparation identique employée il y a six mille ans par les Égyptiens pour guérir les brûlures : « Baa du ciel (acier) rouillé avec eau de l'inonda-» tion, bassiner la personne avec cela ».

Nos ancêtres n'ont pas, comme les antiques populations du Nil, gravé sur le granit leur histoire, leurs lois, leur médecine, etc.; mais la tradition n'en a pas moins conservé, de génération en génération, quelques-uns de leurs usages et une partie de leurs croyances religieuses et médicales. Il me suffira de citer l'adoration du lac Saint-Andéol, et la foi dans la propriété curative de ses eaux (1).

Il est bien évident que si la foi dans les vertus médicales du crâne humain remontait jusqu'à nos époques préhistoriques, et rien n'empêche de le supposer, surtout quand on voit dans les formules que j'ai citées, un mélange qui donne bien à réfléchir, des poudres de gui de chêne, d'ivoire, d'ongle d'élan et de licorne qu'on peut remplacer, si elles font défaut, par celle de corne de cerf, les cœurs de vipères, etc., associés au crâne humain, il est bien évident, dis-je, que la question des rondelles crâniennes serait probablement à peu près expliquée. Il n'y aurait pas jusqu'à la présence de cet occipital *isolé dans un dolmen*, dont les bords cassés violemment et l'aspect général m'ont tant préoccupé, qui ne trouvât là une explication plausible. Il en serait évidemment de même des deux fragments que j'ai vainement cherchés, à l'intérieur du crâne représenté dans la figure 8.

On comprendrait encore ainsi comment il se fait que certains crânes perforés ont conservé intacts leurs bords cicatrisés, tandis que d'autres bords, également cicatrisés, ont été découpés pour faire des rondelles. Ne pourrait-on pas se demander si on ne recueillait pas les rondelles exclusivement sur les sujets dont le crâne, comme celui du blessé de Pailhers, avait été perforé violemment, et qui, après avoir présenté du délire et des convulsions épileptiformes, étaient guéris par l'extraction des esquilles ou par la trépanation ? Ne serait-ce pas là une première application de l'aphorisme *Similia similibus curantur* ? Dans cette idée, le crâne du petit Georges X. (page 30) eût été sans vertu et fût resté intact.

(1) Les constructions et stratifications du lac Saint-Andéol (Lozère) dans *Mémoires de la Société d'anthropologie de Paris*, t. III.

Il me paraît évident d'ailleurs que de pareilles reliques ne devaient pas être moins précieuses pour les hommes de cette époque que tant d'autres reliques portées depuis lors, et je comprends très-bien qu'on les attachât par un lien suspenseur. Beaucoup de peuples sauvages regardent encore aujourd'hui les fous comme les amis des dieux, et nos paysans vénèrent les idiots comme des *innocents* (on leur donne ce nom) prédestinés à l'éternel bonheur. Toute l'antiquité classique regardait l'épilepsie comme une maladie divine : *divinus morbus* (Platon) ; *deifica lues* (Apulée) ; *morbus herculeus* (Aristote) ; *morbus sacer*, etc. On comprendrait dès lors, même en laissant de côté certaines des considérations dans lesquelles j'ai cru devoir entrer, que les fragments osseux de personnages ayant eu quelque chose de divin aient pu quelquefois être entourés de la même vénération dont les catholiques entourent les reliques des saints et des martyrs.

Du reste, l'usage de porter suspendus des débris de squelette humain n'est pas spécial aux nations civilisées. J'ai eu tout récemment la bonne fortune de découvrir, dans la magnifique collection d'un habile archéologue, de M. Boban, qui a longtemps exploré le Mexique, des amulettes américains qui ont la plus grande analogie avec les miens. Voici ces pièces, que M. Boban a bien voulu me confier avec une bonne grâce et une amabilité parfaites.

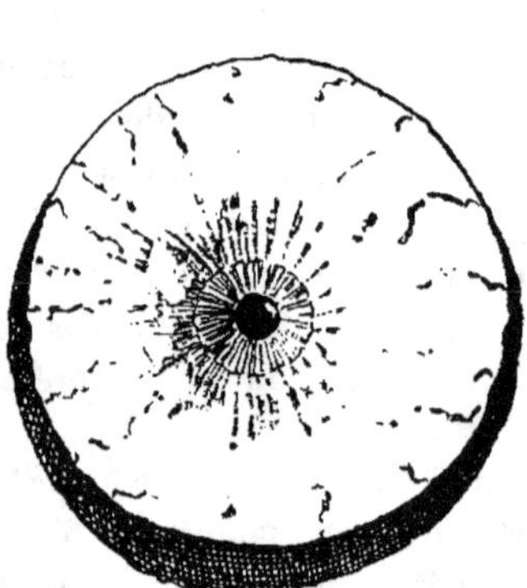

Fig. 10.

Fig. 11.

Il y a là d'abord (fig. 10) un amulette crânien, grand comme une pièce de cinq francs, qui a la plus grande ressemblance avec celui de Baye et avec celui que j'ai montré l'année dernière à Lyon. Mais il y a de plus des fragments d'humérus (fig. 11), de fémurs, etc., qui, comme le rondelles crâniennes, sont percés d'un trou de suspension.

Ces dernières pièces sont en outre recouvertes de gravures, de sortes d'arabesques et d'hiéroglyphes finement ciselés. Les pièces que j'ai recueillies jusqu'ici n'offrent rien de pareil, à moins qu'on ne regarde comme telle une série de sept tout petits cercles gravés par la main de l'homme à la surface interne d'une nouvelle pièce crânienne que j'ai tout récemment recueillie avec un crâne offrant une perforation cicatrisée. Ces petits cercles sont identiques aux deux petits cercles *a* et *b* qu'on voit à l'extrémité supérieure de l'amulette mexicain de la figure 58.

D'ailleurs, j'ai trouvé dans l'admirable collection de M. Boban une foule d'armes, d'objets en pierre, de grains de collier pour la parure qui ont la plus grande analogie, ou qui sont même identiques avec les objets de même nature que je recueille dans les dolmens de la Lozère.

J'ai parlé tout à l'heure d'une nouvelle rondelle, portant gravés sur sa face interne de petits cercles fort curieux, que je viens de recueillir avec un nouvau crâne perforé. Vous savez que plusieurs autres rondelles, et entre autres celle de Lyon, ont été trouvées dans les mêmes circonstances. Vous savez que je m'étais demandé, au moment de la première observation de ce genre, si la pièce incluse n'aurait pas pu pénétrer dans un crâne largement perforé, fortuitement, après la décomposition des parties molles, par la poussée des terres, ou durant le cours des enterrements successifs, comme les grains de collier et tant d'objets divers dont sont remplis les crânes des dolmens. Mais la répétition des mêmes faits semble bien établir aujourd'hui, comme je l'ai déjà dit, qu'ils ne sont point accidentels, et que c'est bien intentionnellement qu'on a, au moment de l'inhumation, placé avec certains crânes des rondelles prises sur d'autres crânes.

Comment expliquer ce dernier fait? On pourrait peut-être penser que l'homme qui était guéri d'une perforation crânienne, et des conséquences, ou du motif de cette perforation, après avoir porté pendant la vie une rondelle à laquelle il attribuait sa guérison, aura voulu l'emporter avec lui dans le tombeau.

On comprendrait de même très-bien que la précieuse rondelle fût tombée tout naturellement dans la boîte crânienne devenue vide par la décomposition du cerveau, après avoir été placée comme *obturateur* soit sur la partie guérie, soit sur les brèches qu'on venait de pratiquer et en remplacement des nouvelles rondelles qu'on avait découpées.

M. Broca a émis, à ce sujet, une idée d'un ordre supérieur à laquelle je me range, en principe, pour ma part, complétement. Il y aurait là d'après notre éminent président, la preuve matérielle la plus ancienne connue jusqu'ici, de la croyance de nos ancêtres dans le dogme de l'immortalité de l'âme. On sait que les quelques pièces dont je parle ont toutes été trouvées dans des crânes dont les perforations s'étaient cicatrisées pendant la vie, et qui ont été sciés, découpés, etc., après la mort, pour fournir des rondelles prises sur le pourtour de l'ouverture cicatrisée. Ces illustres personnages arrivaient ainsi incomplets dans la tombe; et comme ils n'auraient pu revivre avec de pareilles mutilations, n'aurait-on pas eu la pensée, en leur restituant une rondelle prise sur un autre crâne, de leur fournir le moyen de se recompléter dans le monde nouveau où ils se rendent?

On sait que, chez les anciens Égyptiens, les paraschistes ne devaient pas mutiler la tête des cadavres au moment de l'embaumement parce que leur bonne conservation était liée aux conditions de la vie future : c'est pour ce motif que les momificateurs vidaient le crâne par les narines.

Du reste, à mon tour, je crois entrevoir cette croyance des hommes de l'époque néolithique à l'immortalité de l'âme dans l'étude des dolmens eux-mêmes.

Je fouille, en ce moment, un cimetière extrêmement intéressant qui fera le sujet d'une nouvelle communication de ma part devant le prochain congrès de l'Association française.

Ce cimetière, de moins de cent mètres de longueur et d'une largeur bien moindre, est formé de très-petites tombes et de sortes de tout petits dolmens, qui ne renferment ordinairement qu'un seul sujet, homme, femme ou enfant. Les sujets sont dans la position accroupie, et, quand il n'y a qu'un seul sujet, on trouve à côté du squelette un petit vase en terre, une sorte de coupe, avec un seul objet d'industrie. Ces derniers objets sont le plus souvent une arme de pierre, quelquefois un poinçon en os; ailleurs une coquille percée, ou une pierre à écraser le grain avec sa molette. Les armes recueillies jusqu'ici sont quatre hachettes si petites qu'elles ne pouvaient être que des simulacres; une pointe de flèche en cristal de roche, de tout petits couteaux en silex, etc.

Quand une tombe a reçu la dépouille de deux morts, le dernier sujet enterré est seul en position, et un seul vase est en place; les débris du premier squelette et de son vase sont éparpillés un peu partout.

Je ne sais ce qu'on pensera, l'année prochaine, de cette communication nouvelle, quand j'aurai exposé sous les yeux de mes collègues les vases, les simulacres d'armes et les objets divers que je trouve dans mon cimetière. Pour moi, je vois jusqu'ici dans ces objets, des objets symboliques devant servir au mort dans le monde nouveau où il se rend.

J'ajoute que si je faisais transporter dans un dolmen voisin, que j'ai précédemment fouillé, tous les os pêle-mêle avec les objets divers que contiennent les petites tombes de mon cimetière, et si je recouvrais tous ces débris suivant le procédé suivi par les hommes des dolmens pour refermer leurs sépulcres, un archéologue du xxxe siècle, fouillant ce monument, pourrait croire avoir mis la main sur un dolmen vierge, tant son contenu ressemblerait au contenu de tous les dolmens des causses Lozériens.

Messieurs, je viens d'exposer, dans cette communication beaucoup trop longue, certains faits inconnus, et paraissant incroyables il y a quelques mois à peine; et j'ai émis diverses hypothèses pour essayer d'expliquer ces faits. Mes hypothèses pourront passer et seront remplacées par d'autres, ou peut-être par des conclusions établies sur des bases plus certaines; mais les faits resteront. Maintenant que l'attention est appelée de ce côté, de nouveaux faits ne tarderont pas à venir compléter les miens, et je ne doute pas que nous n'ayons à en constater, bientôt, dans les congrès futurs de l'Association française.

En attendant, permettez-moi d'espérer que ma communication d'aujourd'hui n'aura pas été complétement inutile, même au point de vue de la chirurgie. Les maîtres de la science savent bien que la fracture des os du crâne n'a pas par elle-même une grande gravité, et que l'opération du trépan n'est pas non plus une opération bien dangereuse, qui n'est suivie si souvent de mort que parce qu'elle est appliquée dans les cas désespérés : « Ce qui fait périr tant d'opérés, dit avec raison » M. Broca, ce n'est pas la trépanation, c'est le traumatisme cérébral » dont on cherche à conjurer les accidents par cette opération. » Mais ces notions sont ignorées des gens du monde et souvent méconnues de beaucoup de médecins, qui croient que toute fracture du crâne est fatalement suivie des accidents les plus formidables. C'est ainsi que, dans le cas de mon blessé de Pailhers, dont j'ai raconté l'histoire, un médecin chargé de faire un rapport sur cette affaire a cru devoir conclure que puisque le blessé a pu aller à Marvéjols après le coup qu'il avait reçu sur la tête, c'est qu'il n'y avait pas de fracture; et que si on a extrait plus tard des esquilles, ces esquilles ne pouvaient être que la conséquence d'une nécrose. J'ai vu, il y a quelques années, pour une autre lésion du crâne, des conclusions plus graves encore par leurs conséquences : un malheureux halluciné, qui entendait constamment des voix lui ordonner de se détruire; qui disait sans cesse à sa femme de ne pas lui laisser de couteaux, etc., prend un jour la clef des champs. Après avoir erré, pendant trois ou quatre jours de hameau en hameau, faisant rire ou effrayant tout le monde par ses extravagances, il va frapper, au milieu de la nuit, à la porte d'une maison toujours ouverte devant la misère. Le propriétaire, un des plus riches et des plus honorables paysans des montagnes Lozériennes, se lève, accueille le pauvre fou avec bonté, et le conduit lui-même dans son grenier à foin. L'halluciné trouve là une de ces haches extrêmement effilées dont on se sert, dans la région, pour couper les meules de foin; il prend cette arme, monte sur la meule, s'assied la tête appuyée contre une poutre, et dans cette position se porte sur le crâne, dans un espace large d'un pouce environ, onze coups de haches parallèles, qui incisent en même temps et les os du crâne et la poutre qui les amortit en arrêtant le sommet de la hache, et qui présente sur un espace d'égale largeur le même nombre d'entailles parallèles que le crâne. Le lendemain, sur les onze heures, on trouve ce malheureux encore en vie, poussant des gémissements et des paroles inarticulées. Pendant qu'on essaie de le retirer du point élevé sur lequel il était allé s'asseoir, une servante pose par mégarde, ou par curiosité, sa main sur la blessure, et ses doigts s'enfoncent dans le cerveau avec la série des languettes crâniennes qui cèdent sous la pression. Le blessé était mort. Un médecin chargé juridiquement de visiter le cadavre déclare que du moment où il existe onze incisions pénétrantes sur le crâne, il y a assassinat, l'halluciné ayant dû perdre connaissance immédiatement après la première. Le propriétaire est arrêté séance tenante, avec le domestique qui a découvert le blessé, mis au secret et ne sort de son cachot qu'après de trop longues souffrances, et lorsque déjà cette généreuse victime de la charité commence à perdre la raison à son tour.

Une des perforations que vous venez de voir, dont le diamètre est de $0^m,08$, et dont les bords sont aussi admirablement cicatrisés et éburnés sur toute la circonférence que ceux des plus petites, prouverait de même, s'il en était besoin, combien la vie est compatible, pendant de très-longues années, avec de vastes pertes de substance de la boîte crânienne.

Ma communication me paraît devoir être encore très-utile au point de vue des travaux de notre section : elle déterminera certainement les explorateurs des dolmens à rechercher dorénavant les rondelles crâniennes et les crânes perforés, avec la même ardeur qu'on a mise jusqu'ici à recueillir les silex travaillés, les poinçons en os et les dents percées. Des milliers de pièces pareilles à celles que je viens de produire, d'autres pièces qui nous eussent peut-être donné des renseignements plus intéressants encore, ont dû être souvent mises au jour par des explorateurs quelquefois du premier mérite ; mais ces fragments crâniens sont passés inaperçus, et sont perdus pour toujours parce que l'attention n'était pas dirigée de ce côté. Cela n'arrivera certainement plus à l'avenir chez les explorateurs qui se tiennent au courant des progrès de la science. Mais ce n'est peut-être pas assez. Les péronés que j'ai eu l'honneur de mettre sous vos yeux dans une précédente séance, ont été trouvés très-remarquables, et ont montré tout l'intérêt que pouvaient présenter les diverses pièces des squelettes anciens au point de vue ethnologique. De nombreux os, dont le nombre s'augmente, d'année en année, dans mes collections, ne seront peut-être pas moins utiles un jour, au point de vue de l'histoire de l'anatomie pathologique aux époques préhistoriques. Nous avons émis à Bordeaux et à Lyon, des vœux jusqu'ici stériles, pour la conservation des dolmens. Permettez-moi, en finissant, d'émettre un nouveau vœu d'une réalisation plus facile, que j'adresserai surtout à ceux de nos collègues qui, étrangers à la médecine, s'occupent plus spécialement d'archéologie préhistorique : c'est celui de recueillir et de mettre à l'abri de la destruction, jusqu'à ce qu'ils puissent être étudiés devant notre section ou par des sociétés savantes, à la Société d'anthropologie, au laboratoire de l'École des hautes études, etc., tous les débris osseux qu'ils trouvent dans leurs fouilles : ce sera le moyen de ne rien perdre et de ne rien regretter à l'avenir.

ASSOCIATION FRANÇAISE

POUR L'AVANCEMENT DES SCIENCES

EXTRAIT DES STATUTS ET RÈGLEMENT

Votés par l'Assemblée générale du 27 août 1874.

STATUTS.

Art. 4. — L'Association se compose de membres fondateurs et de membres ordinaires ; les uns et les autres sont admis, sur leur demande, par le Conseil.

Art. 5. — Sont membres fondateurs les personnes qui auront souscrit à une époque quelconque une ou plusieurs parts du capital social : ces parts sont de 500 francs.

Art. 7. — Tous les membres jouissent des mêmes droits. Toutefois les noms des membres fondateurs figurent perpétuellement en tête des listes alphabétiques, et les membres reçoivent gratuitement pendant toute leur vie autant d'exemplaires des publications de l'Association qu'ils ont souscrit de parts du capital social.

RÈGLEMENT.

Art. 1er. — Le taux de la cotisation annuelle des membres non fondateurs est fixé à 20 francs.

Art. 2. — Tout membre a le droit de racheter ses cotisations à venir en versant une fois pour toutes la somme de 200 francs. Il devient ainsi membre à vie.

La liste alphabétique des membres à vie est publiée en tête de chaque volume, immédiatement après la liste des membres fondateurs.

Les souscriptions sont reçues :
 Au Secrétariat, 76, rue de Rennes ;
 Chez M. Masson, *trésorier*, 17, place de l'École-de-Médecine.

Les souscriptions des membres fondateurs peuvent être versées en une seule fois,
ou en deux versements de chacun 250 francs.